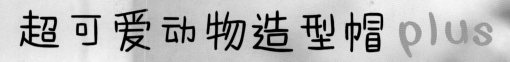

超可爱动物造型帽plus

日本美创出版◆编著 何凝一◆译

煤炭工业出版社
·北 京·

Contents 目录

模特尺寸

Leilani Trapanese
身高：87cm
头围：46cm

Marcus Kloran
身高：95cm
头围：51cm

Emma Stafford
身高：103cm
头围：52cm

Tim De winter
身高：105cm
头围：51cm

关于本书作品的尺寸

本书中的作品均是按照右侧尺寸表制作而成（并不是说按照此尺寸钩织作品，而是参照此表中的身高、头围钩织适合的尺寸）。根据不同的设计（材质、织片等），松紧度会有差异。可按个人喜好选择松一点或紧一点的设计。

参考尺寸表

	1岁	2岁	3岁	4岁
身高	75 ~ 85cm	85 ~ 95cm	95 ~ 105cm	
头围	46 ~ 48cm		49 ~ 51cm	

基础课程

整针卷缝

1 织片的正面与正面相接对齐，编织线穿入缝衣针中，缝衣针穿过顶端的针脚。

2 仅在起点处和终点处两端的针脚中来回穿2次针，收紧。然后按照箭头所示，在每个针脚中穿入1次缝衣针。

3 观察线的状态，逐一缝合每个针脚。

4 挑起全部针脚后如图所示。

半针卷缝

  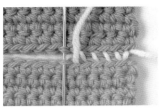 

1 织片的正面与正面相接对齐，编织线穿入缝衣针中，缝衣针穿过顶端的针脚。

2 仅在起点处和终点处两端的针脚中来回穿2次针，收紧。然后按照箭头所示，挑起针脚内侧的1根线，穿入1次缝衣针。

3 观察线的状态，逐一缝合每个针脚。

4 逐一挑起针脚内侧的1根线、缝合，如图所示。外侧半针的卷缝即逐一挑起外侧的半针，然后卷缝。

⊠ 线圈的钩织方法（用手指钩织） ※ 编织线挂到食指和中指上，继续钩织。线圈的大小多少会因编织者的手指粗细而异。

1 钩针插入针脚中，编织线挂在中指上。

2 编织线从中指上方穿过，挂到钩针上，按照箭头所示引拔抽出线。

3 再次挂线，一次性引拔抽出。

4 钩织完1个线圈后如图所示。编织线挂在手指上，按照短针的要领继续钩织。

⊠ 线圈的钩织方法（用厚纸钩织） ※ 用厚纸代替手指，钩织出大小一致的线圈。

5 从手指上滑脱编织线后如图所示（图a）。织片反面形成线圈（图b）。

1 钩针插入针脚中，套住厚纸钩织，挂线后按照箭头所示引拔钩织。

2 再次挂线，一次性引拔抽出线。钩织完1个线圈后如图所示。

3 编织线挂在厚纸上，织入几针后抽出厚纸。

手套大拇指的钩织方法　以作品 22 为例进行解说。

钩织大拇指穿入口

1　钩织指定针数的锁针，留出大拇指的穿入口。将锁针的半针挑起后钩织下一行。

2　将锁针的半针挑起钩织后如图所示。参照编织图，继续钩织主体。

钩织大拇指

3　钩织完主体后再钩织大拇指。将钩针插入指定的针脚中（作品 22 为短针的尾针），抽出线。

4　在 1 针锁针中接入编织线，完成后如图所示。

5　参照钩织图继续钩织。

6　作品 22 将钩针插入顶端短针的尾针中，织入 1 针。按照箭头所示插入钩针。

7　织入 1 针短针。

8　在顶端短针的尾针中织入 1 针后如图所示。

9　主体上下颠倒拿好，将剩余的半针挑起后继续钩织。

10　钩织完 1 行后在第 1 针中引拔钩织，形成圆环（织片的上下面恢复到原样后如图所示）。

11　参照编织图，继续钩织。

各部分的缝合方法　以作品 19 为例进行解说。

1　耳朵和犄角部分先用固定针暂时固定，注意整体平衡。

2　缝衣针穿入主体织片和部件当中，将两部分缝合。在两端的针脚中来回穿 2 次，固定。

3　继续缝合，注意保持平衡。

4　缝合后如图所示。

基础课程

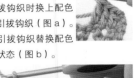

嵌入花样的钩织方法　以作品 23、24 为例进行解说。　※ 短针的嵌入花样也用同样的要领钩织。

1 用原线钩织立起的锁针，然后针上挂线，将钩针插入配色线中。

2 织入长针，包住配色线。

3 钩织 1 针长针，包住配色线后如图所示。继续钩织 1 针长针。

4 在第 3 针进行最后的引拔钩织时换上配色线，引拔钩织（图a）。完成引拔钩织替换配色后的状态（图b）。

5 接着用配色线钩织长针，包住原线。

6 用配色线钩织 1 针长针，包住原线后如图所示。继续织入 1 针长针。

7 在第 3 针进行最后的引拔钩织时换上配色线，引拔钩织（图a）。完成引拔钩织替换配色后的状态（图b）。

8 重复步骤 2 ~ 7，继续钩织。

重点课程

作品 5、6　护耳的拼接方法　成品照片：P12 ~ 13

制作流苏

1 取 3 根长 80cm 的编织线，对折。准备 3 组。

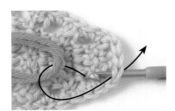

2 钩针插入拼接流苏的位置，将对折处挂到钩针上，引拔抽出编织线。

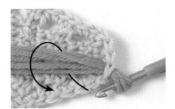

3 按照箭头所示在钩针上挂线。

4 抽出编织线。

5 拼接完 1 束流苏后如图。

编织麻花辫

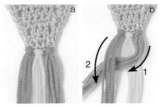

6 按照同样的要领在 3 个地方拼接流苏（图a）。将这 3 束流苏编成麻花辫。把外侧的流苏交叉至内侧（图b）。

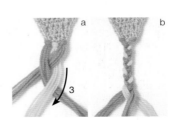

7 编织出一部分的状态（图a）。实际编织时中间不要留有缝隙，要均匀地编织（图b）。

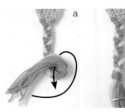

8 编织出大约 8cm 后将 3 束流苏合拢，打结（图a）。再剪掉多余的线头（图b）。

※ 为了方便解说，步骤中使用的编织线与实际用线的颜色、种类有所不同。

作品 6　背部的钩织方法　成品照片：P13

第 4 行

1 将外侧的半针挑起后钩织第 4 行。

2 第 4 行钩织完成后如图。

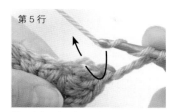

第 5 行

3 钩织 5 行时，将第 3 行剩余的半针挑起后织入长长针。

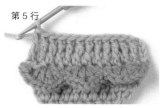

第 5 行

4 第 5 行钩织完成后如图。第 4 行呈立体状出现在内侧。

作品 9　鬃毛的拼接方法　成品照片：P16 ~ 17

5 按照要领钩织至第 7 行后如图所示。反面针脚作为正面即是偶数行的花样（深绿色部分）。

1 取 5 根长 12cm 的编织线，将拼接流苏位置的长针尾针成束挑起后拼接流苏（流苏的拼接方法参照 P6 护耳最后的钩织方法）。

2 在 2 列针脚中拼接完流苏后如图。

3 继续拼接流苏，注意整体平衡。

作品 11、12　钩织短针拼接　成品照片：P18 ~ 19

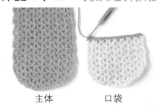

主体　　　口袋

1 准备好主体与口袋部分的织片。先在口袋的上方钩织花边。

2 主体与口袋部分重叠，钩针穿入两块织片中，钩织短针。

3 钩织完 1 针短针，两块织片相接后如图所示。

4 参照图，将钩针插入两块织片中，继续钩织短针。

作品 15、16　兜帽的花样钩织方法　成品照片：P22 ~ 23　以作品 15 为例进行解说。

1 将外侧半针挑起后钩织第 2 行。

2 第 2 行钩织完成后如图。

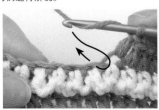

3 钩织第 3 行时，将第 1 行剩余的半针挑起，织入长针。

a

b

4 第 3 行钩织完成后的状态（图 a）。在作品 16 的偶数行钩织线圈，再用同样的方法继续钩织（图 b）。

7

母鸡针织帽和雏鸡针织帽

设计、制作：Matsumoto Kaoru

钩织方法：P36

母鸡针织帽的帽檐轻柔、样子可爱，雏鸡针织帽的翅膀非常小巧。无论哪一款都是让人爱不释手的单品。

1～2岁

荷叶边帽檐让可爱度倍增。

帽顶的绒毛是亮点。省去荷叶
边的设计后给人清新的印象。

大象背心和小猪背心

设计、制作：镰田惠美子

钩织方法：P33

大象的大耳朵和小猪的鼻子都格外引人注目，可让兄妹、朋友一起穿着的同款背心。

3

4

从背后看兜帽也是可爱满分！别忘了晃晃悠悠的尾巴哦。

正 面

企鹅针织帽和鳄鱼针织帽

设计、制作：藤田智子
钩织方法：P38

企鹅针织帽的大嘴巴相当抢眼，看一眼就忍不住让人露出笑容。护耳的设计，应对寒风完全没问题！

1～2岁

5

鳄鱼针织帽的牙齿透露着霸气。戴上之后，
会不会也有几分鳄鱼的气势？！

6

后面的锯齿形花样非常野性。

小兔子连帽围巾

设计：Kawaji Yumiko
制作：白川薫
钩织方法：P40

柔软的线圈让人倍感舒适，针织帽与围巾二合一单品。马上变身蹦蹦跳跳的小白兔。

1～2岁

7

8

可以完全包裹住颈部，有这一件单品便可温暖地过冬。垂下来的耳朵也十分可爱。

小毛驴斗篷和熊猫斗篷

设计：河合真弓
制作：远藤阳子
钩织方法：P42

穿着方便的斗篷，再也不用担心严冬。
去公园游玩和外出野餐的不二选择！

1～2岁

9

10

小毛驴头上的浓密鬃毛极个
性。让宝宝变得帅气又可爱!

正面

背面

小熊围巾

设计：河合真弓
制作：栗原由美
钩织方法：P57

钩织方法：P57

围巾是外出时的必须品，添加大家都喜欢的小熊图案。日常穿搭的不二之选！

3～4岁

12

11

小熊部分其实是口袋！把糖果和巧克力藏到里面，当礼物送给小伙伴吧！

小狗针织帽和小猫针织帽

设计、制作：镰田惠美子
钩织方法：P46

可爱的三花猫针织帽和耳朵很特别的小狗针织帽，两款帽子都非常适合当作礼物。微笑的表情让看到它的人也会露出会心的微笑。

3～4 岁

13

14

外出戴、在家戴都合适，非常
实用的设计。马上变身成小狗、
小猫吧！

绵羊背心和狮子背心

设计、制作：藤田智子
钩织方法：P58

绵羊背心的帽子上带有弯曲的犄角与小巧可爱的耳朵，配色自然，适合日常搭配。

3～4岁

15

身着"百兽之王"，绝对帅气无比！
别忘了大而柔软的尾巴哦。

16

正面　　　　　　　　　　　　背面

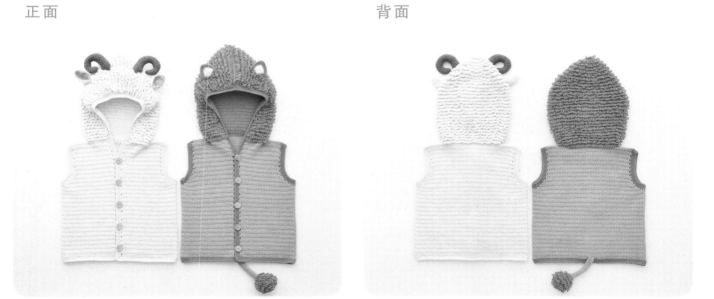

山羊针织帽和手套

设计、制作：今村曜子
钩织方法：P48

钩织方法：P48

犄角是山羊的最大特征，再钩织一副与针织帽同款的手套吧。外出时戴上这一套，充满趣味！

3～4岁

17

18

可爱的山羊来送信啦！看上去信件好
像要被山羊吃掉一样。

老虎针织帽和手套

设计、制作：今村曜子

钩织方法：P50

钩织方法：P50

把威风凛凛的老虎织成针织帽和手套后竟然也如此可爱。手套上还有可爱的肉垫。

3～4岁

19

20

蓬松的耳朵增添了几分可爱。简单的条纹花样，钩织起来非常轻松。

27

绵羊针织帽和手套

设计、制作：藤田智子

钩织方法：P52

钩织方法：P52

柔软的织片让人爱不释手，针织帽和手套组成的绵羊套装。其实都是用锁针和短针钩织而成，非常简单。

3～4岁

21

22

28

戴上后立马变身可爱的小绵羊！
手套带有线绳，不必担心弄丢。

小兔子背心和青蛙背心

设计：Kawaji Yumiko
制作：植田寿寿
钩织方法：P54

3～4岁

长长的耳朵和圆圆的眼睛相当惹眼，两款背心下摆处的方格花样是设计的亮点。

23

24

好朋友间的悄悄话……
他们在说什么呢?

正面　　　　　　　　　　　　　　背面

本书使用的线材

1

2

3

4

5

6

7

HAMANAKA

1 Exceed Wool L（普通粗线）

羊毛（特级美利奴）100%，每卷 40g，约 80m，44 色，钩针 5/0 号

2 Amerry

羊毛（新西兰美利奴）70%、腈纶 30%，每卷 40g，约 110m，36 色，钩针 5/0 ~ 6/0 号

Puppy

3 Mini Sport

羊毛 100%，每卷 50g，72m，28 色，钩针 8/0 ~ 10/0 号

4 Princess Anny

羊毛 100%（经过防缩加工），每卷 40g，112m，35 色，钩针 5/0 ~ 7/0 号

5 Queen Anny

羊毛 100%，每卷 50g，97m，55 色，钩针 6/0 ~ 8/0 号

Diamond 毛线

6 Dia Tasmanian Merino

羊毛（塔斯马尼亚美利奴）100%，每卷 40g，约 120m，30 色，钩针 4/0 ~ 5/0 号

7 Diaepoca

羊毛（美利奴）100%，每卷 40g，约 81m，40 色，钩针 5/0 ~ 6/0 号

※ 1 ~ 7 的信息左起均为材质→规格→线长→颜色数→适合的钩针。
※ 由于印刷的原因多少存在色差。

3、4 大象背心和小猪背心　成品照片：P10～11

编织线：均为 Puppy

3　Queen Anny/ 淡蓝色…260g，三文鱼粉色…10g

4　Queen Anny/ 粉色…250g，奶油色…8g

纽扣：直径 18mm…各 4 颗

针：钩针 6/0 号、除指定以外均为 7/0 号

标准织片（边长 10cm 的正方形）：

花样钩织 16 针、12 行

成品尺寸：

胸围 64cm、肩背宽 27cm、衣长 32cm、兜帽长 27.5cm

钩织方法（3、4 共通）

1　钩织前后身片、兜帽

钩织 97 针锁针起针，然后钩织前后身片，从袖口处分成右前身片、后身片、左前身片进行钩织。终点处将左前肩部和左后肩部、右前肩部和右后肩部用整针卷缝的方法缝合。从前后领口开始挑针，钩织兜帽。终点处用整针卷缝的方法缝合。

2　钩织花边

在左前身片的前端接线，然后接着衣身的下摆、右前身片的顶端、兜帽的顶端、左前身片的前端继续钩织花边。钩织袖口时，在侧边线的位置接线，钩织成环形。

3　钩织各部分

3 钩织 2 只耳朵和 1 根尾巴。4 钩织 2 只耳朵、鼻子 A、B，2 个鼻孔，1 根尾巴。将鼻子 A、B 两块合拢，用外侧半针卷缝的方法缝合。中途塞入同色编织线（奶油色），塞 1cm 厚。将鼻孔部分与鼻子缝合。

4　完成

3 缝上耳朵与尾巴，4 缝上耳朵、拼接好的鼻子、尾巴，最后缝上纽扣。

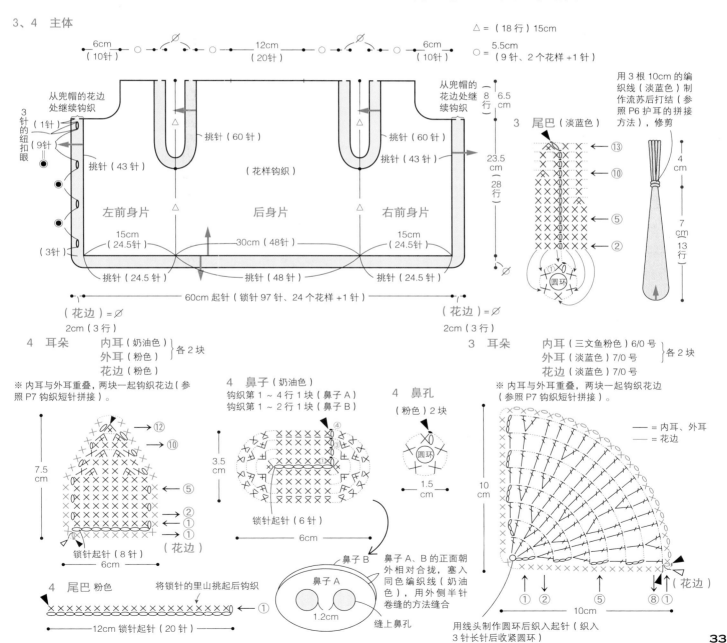

33

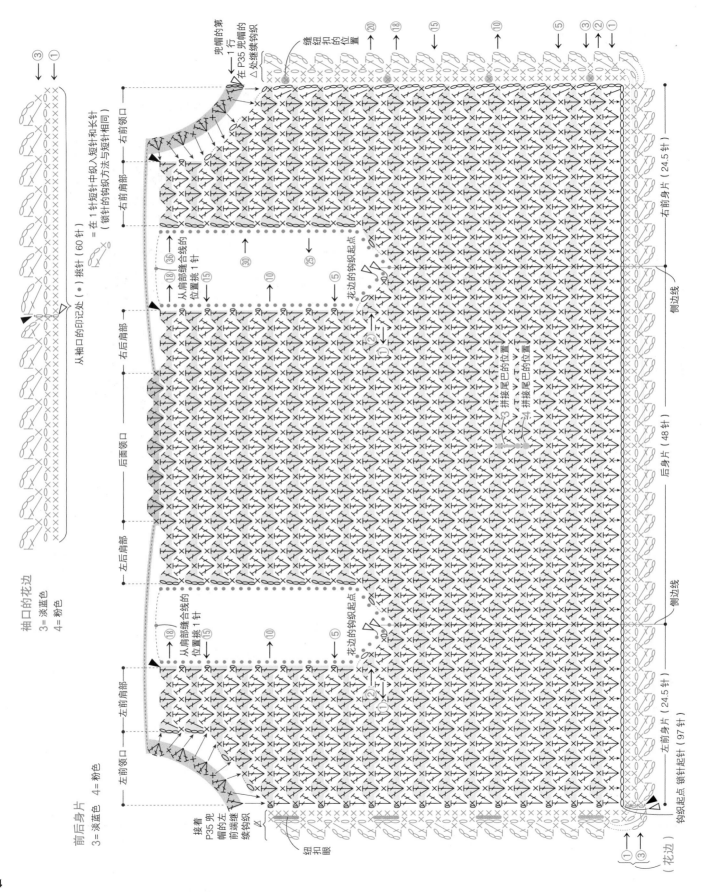

34

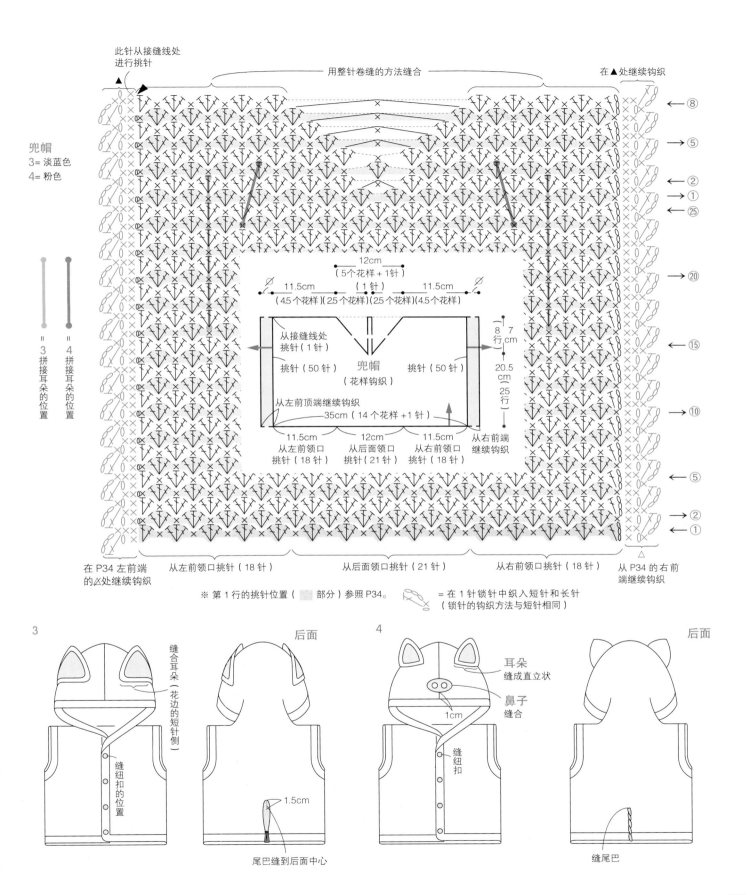

此针从接缝线处
进行挑针

用整针卷缝的方法缝合

在▲处继续钩织

兜帽
3= 淡蓝色
4= 粉色

3
拼接耳朵的位置

4
拼接耳朵的位置

12cm
（5个花样 +1针）

11.5cm
（4.5个花样）

（1针）

11.5cm
（2.5个花样）（2.5个花样）（4.5个花样）

从接缝线处
挑针（1针）

挑针（50针）

兜帽
（花样钩织）

挑针（50针）

8 7
行 cm

从左前顶端继续钩织

35cm（14 个花样 +1针）

20.5
cm
25
行

11.5cm
从左前领口
挑针（18针）

12cm
从后面领口
挑针（21针）

11.5cm
从右前领口
挑针（18针）

从右前端
继续钩织

在 P34 左前端
的△处继续钩织

从左前领口挑针（18针）

从后面领口挑针（21针）

从右前领口挑针（18针）

从P34 的右前
端继续钩织

※ 第 1 行的挑针位置（ ▨ 部分）参照 P34。

= 在 1 针锁针中织入短针和长针
（锁针的钩织方法与短针相同）

3

后面

缝合耳朵（花边的短针侧）

缝纽扣的位置

尾巴缝到后面中心

1.5cm

4

后面

耳朵
缝成直立状

鼻子
缝合

1cm

缝纽扣

缝尾巴

35

1、2 母鸡针织帽和雏鸡针织帽　成品照片：P8 ~ 9

编织线：均为 Puppy
1　Princess Anny/ 黄色…55g，橙色、黑色…5g
2　Princess Anny/ 白色…45g，红色…25g，深橙色…10g，黄色、黑色…各 5g
针：钩针 6/0 号
标准织片（边长 10cm 的正方形）：
花样钩织 4 个花样，12 行
成品尺寸：
1　头围 50cm、深 15.5cm
2　头围 50cm、深 16.5cm

钩织方法（1、2 共通）
1　钩织主体
用线头制作圆环后织入起针，然后用花样钩织 17 行。1 钩织 4 行短针的花边，2 钩织帽檐。将第 2 行的内侧半针挑起钩织帽檐 A 的第 3 行，再将帽檐 A 第 2 行的短针和剩余的外侧半针挑起钩织帽檐 B 的第 1 行。

2　钩织各部分
1 需钩织翅膀、喙、绒毛、眼睛，2 需钩织喙、鸡冠、眼睛。
3　完成
各部分缝到主体上。

1　主体

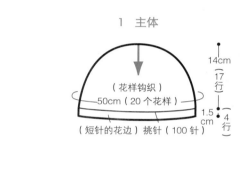

2　主体

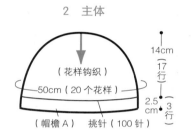

2　帽檐

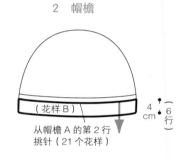

1　翅膀　（黄色）2 块

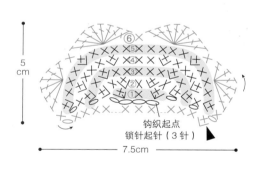

1、2　喙　1= 橙色　2= 黄色

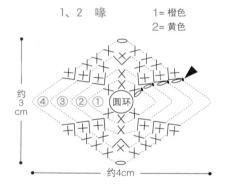

1　绒毛（黄色）

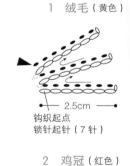

2　鸡冠（红色）

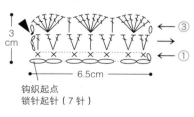

2　帽檐

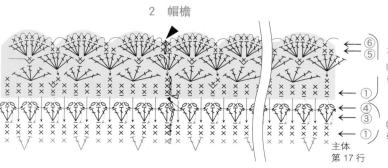

x ∪ x = x ○ x

帽檐 B（红色）
※ 钩织帽檐 B 第 1 行的 x 时，将帽檐 A 第 2 行剩余的外侧半针挑起后钩织。

帽檐 A（橙色）
※ 钩织帽檐 A 第 3 行时，将第 2 行的内侧半针挑起后钩织。

1、2　眼睛（黑色）各 2 个

钩织起点
锁针起针（1 针）

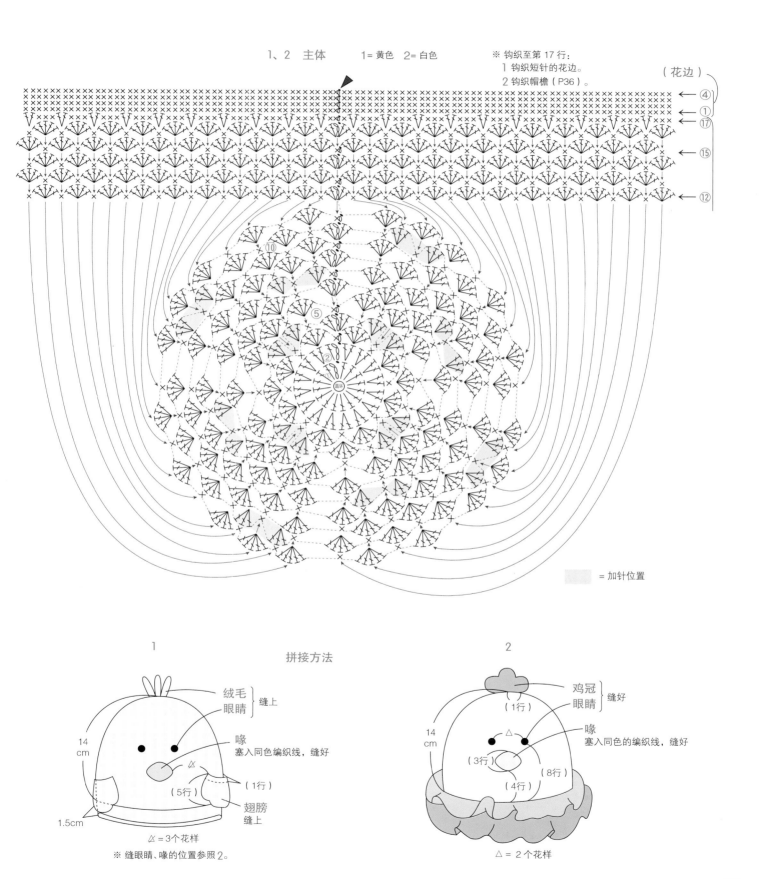

1、2　主体　　　　1= 黄色　2= 白色　　　　※ 钩织至第 17 行：
1 钩织短针的花边。
2 钩织帽檐（P36）。

（花边）

←④
←①
←⑰
←⑮
←⑫

⑩
⑤
②

= 加针位置

1　　　　　　拼接方法　　　　　　2

绒毛
眼睛　}缝上

喙
塞入同色的编织线，缝好

14
cm

1.5cm

⧄ = 3个花样

（1行）
（5行）

翅膀
缝上

※ 缝眼睛、喙的位置参照2。

鸡冠
眼睛　}缝好

14
cm

喙
塞入同色的编织线，缝好

（1行）
（3行）
（4行）
（8行）

△ = 2个花样

5、6 企鹅针织帽和鳄鱼针织帽 成品照片：P12 ~ 13　重点课程：5（P6）

编织线：均为 Puppy

5　Mini Sport/ 黑色…70g，黄色…10g，白色…7g

6　Mini Sport/ 黄绿色…68g；Queen Anny/ 绿色…32g，本白…8g，黑色…1g

针：5…钩针 7/0 号、8/0 号、10/0 号
　　6…钩针 6/0 号、10/0 号

标准织片（边长 10cm 的正方形）：
花样钩织 A 11.5 针、7.5 行

成品尺寸：
头围 52cm、深 15.5cm

钩织方法（5、6 共通）
1 钩织主体、护耳
用线头制作圆环后织入起针，在加针的同时继续钩织主体、护耳。接着主体和护耳继续钩织 1 行短针花边。

2 完成护耳（参照 P6）
用 3 根 80cm 的编织线制作流苏，在护耳顶端拼接 3 根流苏，编织成 8cm 的麻花辫，打结后剪断。

3 钩织各部分
5 钩织眼睛和喙，6 钩织眼睛和鳄鱼。

4 完成
缝合各部分，注意整体平衡。

主体、护耳
10/0 号

5 ——= 黑色　—— = 白色　6—— ·—— = 黄绿色

● = 拼接流苏

流苏　5= 黑色　6= 黄绿色
准备 6 组 80cm 的编织线，每组 3 根，拼接流苏。参照 P6 护耳的拼接方法，编织成麻花辫即可。

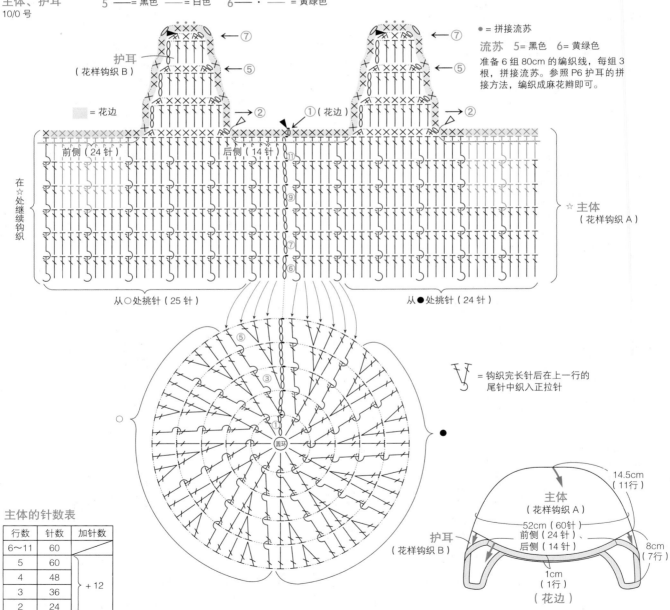

主体的针数表

行数	针数	加针数
6～11	60	
5	60	+12
4	48	
3	36	
2	24	
1	12	

38

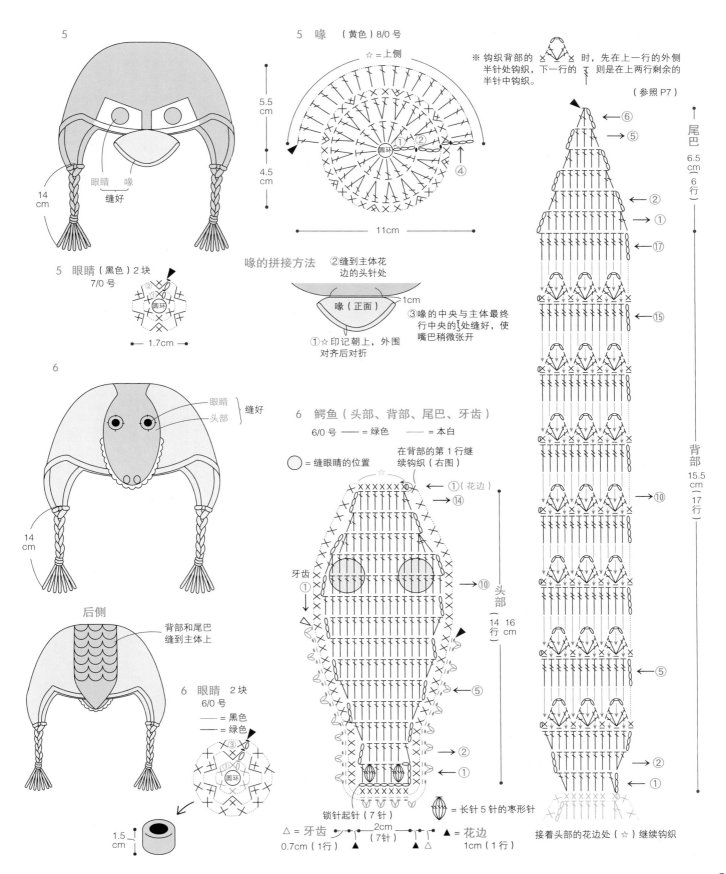

7、8 小兔子连帽围巾　成品照片：P14 ~ 15

编织线：均为 Diamond 毛线
7　Diaepoca/ 粉色…115g，白色…80g
8　Diaepoca/ 芥末色…115g，白色…80g
针：钩针 6/0 号
标准织片（边长 10cm 的正方形）：
花样钩织 A 18 针、9 行
成品尺寸：
长 84.5cm、宽 12m，兜帽长 24cm

钩织方法（7、8 共通）
1　钩织主体
钩织 152 针的锁针起针，接着用花样 A 钩织 5 行、花样 B 钩织 6 行，从起针的反方向挑针，织入 6 行花样 B。
2　主体钩织成环形
两端正面相对合拢，7 用粉色、8 用芥末色将花样 A 钩织的行间用引拔针接缝的方法处理，花样 B 钩织的行间用白色线和 2 针锁针、1 针

引拔针的锁针接缝的方法处理。
3　钩织兜帽
主体的缝合线置于后面中心，挑 54 针后钩织花样 A，后面中心的褶皱处用 3 针锁针和 1 针引拔针的锁针接缝，编织终点处的 23 针用引拔针接缝的方法折入内侧缝合。
4　完成
兜帽顶端（▲）和主体（△）缝合。钩织耳朵，缝到兜帽上，注意整体平衡。

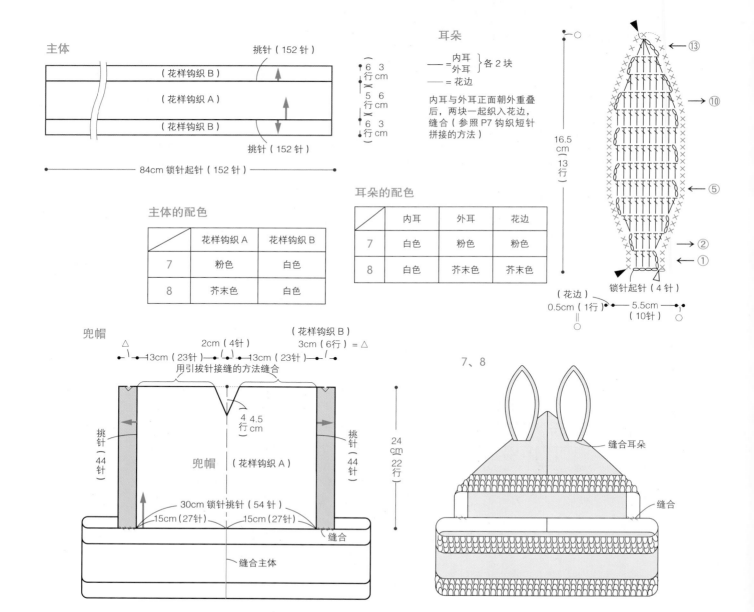

兜帽

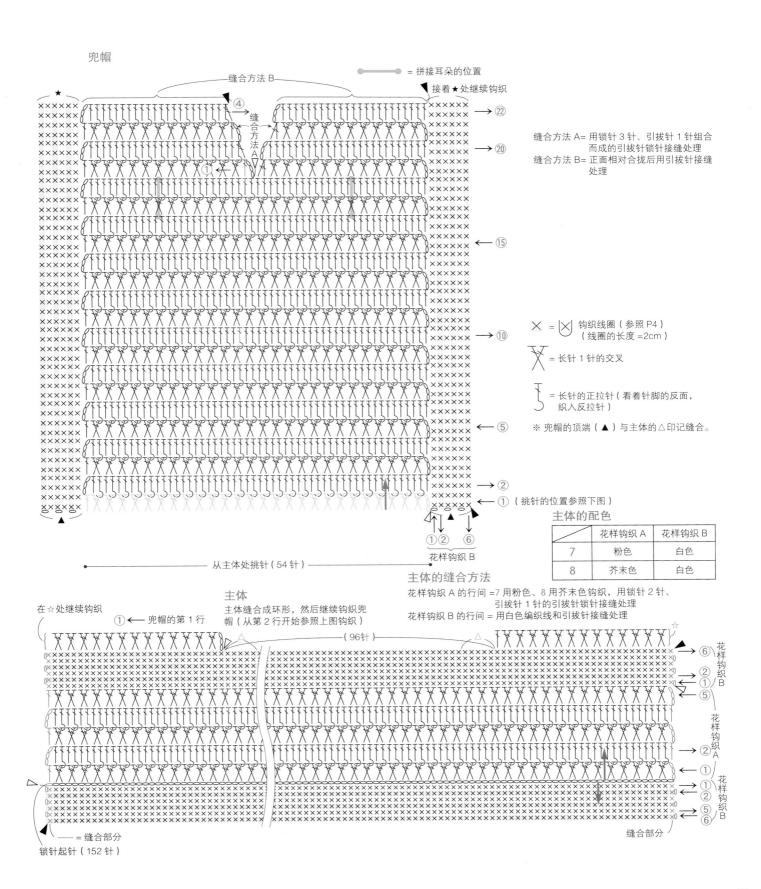

缝合方法 B

●━━━● =拼接耳朵的位置

▲ 接着★处继续钩织

缝合方法 A= 用锁针 3 针、引拔针 1 针组合
　　　　　而成的引拔针锁针接缝处理
缝合方法 B= 正面相对合拢后用引拔针接缝
　　　　　处理

缝合方法 A

※ 兜帽的顶端（▲）与主体的△印记缝合。

× = 钩织线圈（参照 P4）
　　 （线圈的长度 =2cm）

= 长针 1 针的交叉

= 长针的正拉针（看着针脚的反面，
　织入反拉针）

① （挑针的位置参照下图）

从主体处挑针（54 针）

①②⑥
花样钩织 B

主体的配色

	花样钩织 A	花样钩织 B
7	粉色	白色
8	芥末色	白色

主体的缝合方法

花样钩织 A 的行间 =7 用粉色、8 用芥末色钩织，用锁针 2 针、
　　　　　　　　引拔针 1 针的引拔针锁针接缝处理
花样钩织 B 的行间 = 用白色编织线和引拔针接缝处理

在☆处继续钩织

① ← 兜帽的第 1 行

主体

主体缝合成环形，然后继续钩织兜
帽（从第 2 行开始参照上图钩织）

（96 针）

花样钩织 B
花样钩织 A
花样钩织 B

━━ =缝合部分

锁针起针（152 针）

缝合部分

41

9、10 小毛驴斗篷和熊猫斗篷

成品照片：P16～17　重点课程：9（P7）

编织线： 均为 Puppy

9　Princess Anny/ 茶色…200g，焦茶色…
15g，浅灰色…5g

10　Princess Anny/ 本白…155g，黑色…40g

纽扣： 直径 20mm…各 1 颗

针： 钩针 5/0 号

标准织片（边长 10cm 的正方形）：
长针及花样钩织 21 针、10 行

成品尺寸：
兜帽长 24.5cm、下摆围 99cm

钩织方法（9、10 共通）
1 钩织主体
织入 202 针锁针起针，然后按照编织图，用花样钩织的方法进行减针，同时织入 23 行。中央进行加减针的同时，用长针钩织兜帽。终点

处与终点处用卷针订缝。

2 钩织花边
下摆、前襟、兜帽顶端织入短针棱针的花边。

3 钩织各部分
分别钩织 9、10 的耳朵。

4 完成
参照拼接图，将耳朵、纽扣缝到主体上，9 缝上鬃毛。

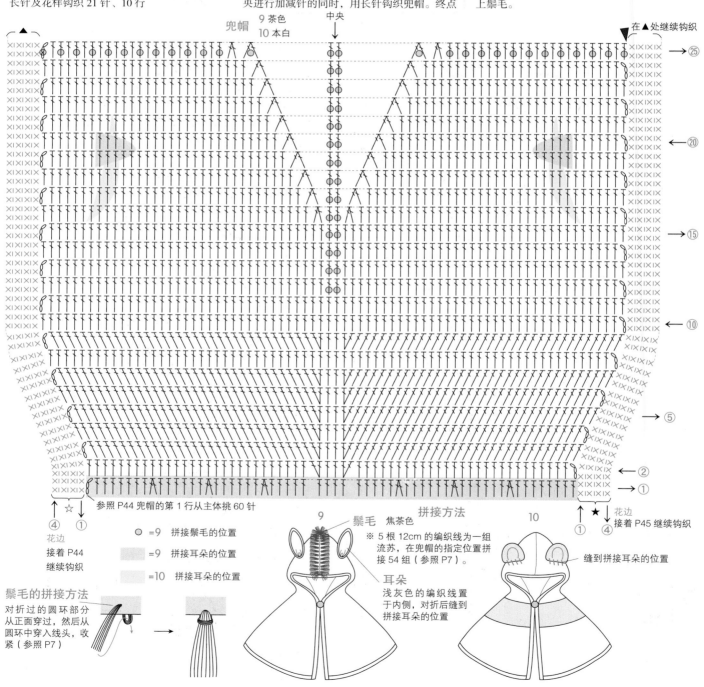

参照 P44 兜帽的第 1 行从主体挑 60 针

○ =9　拼接鬃毛的位置

▨ =9　拼接耳朵的位置

▨ =10　拼接耳朵的位置

鬃毛的拼接方法
对折过的圆环部分从正面穿过，然后从圆环中穿入线头，收紧（参照 P7）

9　鬃毛　焦茶色

拼接方法

※ 5 根 12cm 的编织线为一组流苏，在兜帽的指定位置拼接 54 组（参照 P7）。

耳朵
浅灰色的编织线置于内侧，对折后缝到拼接耳朵的位置

10

缝到拼接耳朵的位置

接着 P45 继续钩织

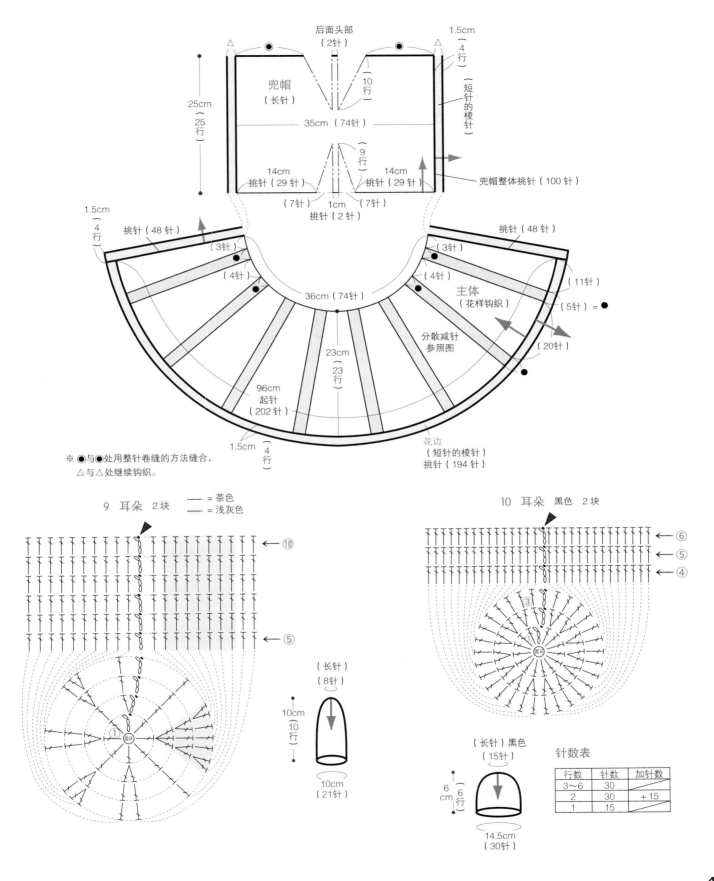

后面头部
（2针）

1.5cm
（4行）

兜帽
（长针）

短针的棱针

25cm
（25行）

35cm（74针）

（10行）

14cm
挑针（29针）

（9行）

14cm
挑针（29针）

兜帽整体挑针（100针）

（7针） 1cm （7针）
挑针（2针）

1.5cm
（4行）

挑针（48针）

（3针）

（3针）

挑针（48针）

（4针）

（4针）

（11针）

36cm（74针）

主体
（花样钩织）

（5针）=●

23cm
（23行）

分散减针
参照图

（20针）

96cm
起针
（202针）

1.5cm
（4行）

花边
（短针的棱针）
挑针（194针）

※ ●与●处用整针卷缝的方法缝合，
　 △与△处继续钩织。

9 耳朵 2块　　── = 茶色
　　　　　　　　── = 浅灰色

←⑩

←⑤

①圆环

（长针）
（8针）

10cm
（10行）

10cm
（21针）

10 耳朵 黑色 2块

←⑥
←⑤
←④

③
①圆环

（长针）黑色
（15针）

6cm
（6行）

14.5cm
（30针）

针数表

行数	针数	加针数
3～6	30	
2	30	+15
1	15	

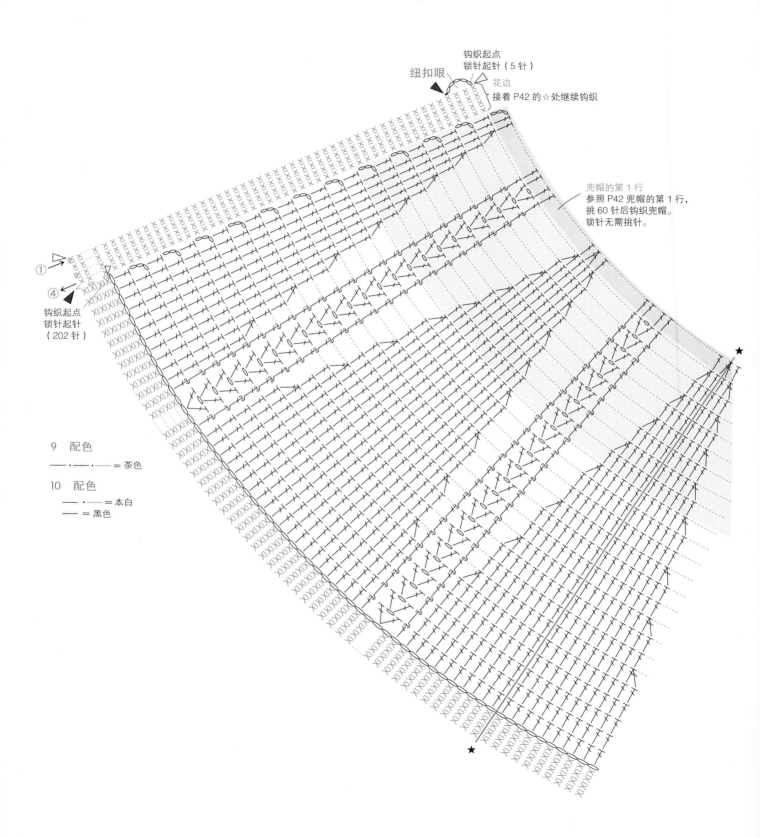

钩织起点
锁针起针（5针）

纽扣眼

花边

接着 P42 的 ☆ 处继续钩织

兜帽的第 1 行
参照 P42 兜帽的第 1 行，挑 60 针后钩织兜帽。锁针无需挑针。

①

④

钩织起点
锁针起针
（202 针）

9 配色
—·—·— = 茶色

10 配色
— ·— = 本白
—— = 黑色

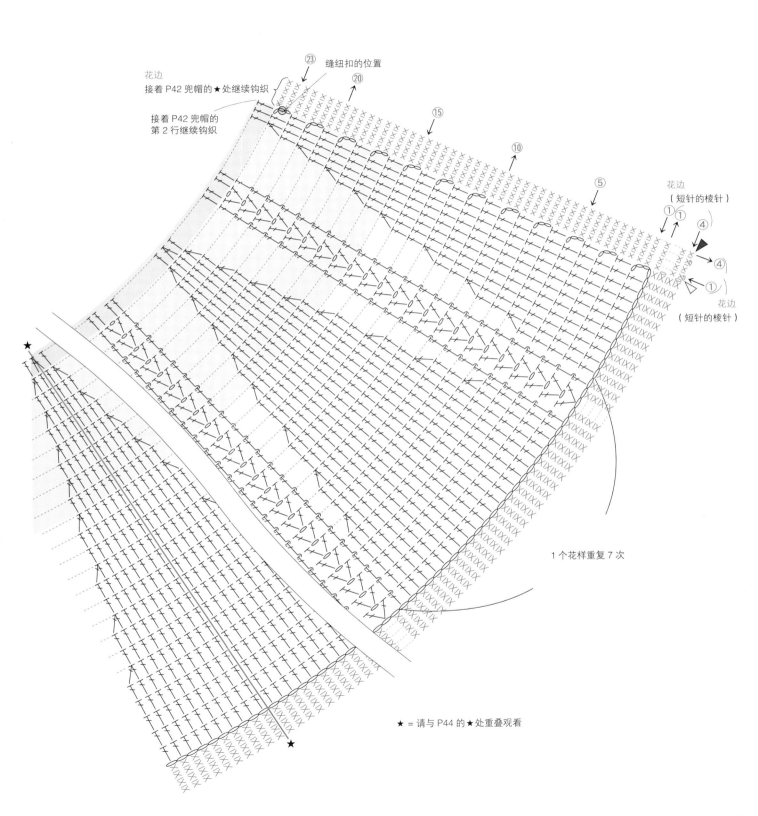

花边
接着 P42 兜帽的★处继续钩织

接着 P42 兜帽的
第 2 行继续钩织

㉓ 缝纽扣的位置

⑳

⑮

⑩

⑤

花边
（短针的棱针）

① ①

④

④

①

花边
（短针的棱针）

1 个花样重复 7 次

★ = 请与 P44 的★处重叠观看

13、14 小狗针织帽和小猫针织帽 成品照片：P20～21

编织线：均为 HAMANAKA

13 Exceed Wool L/ 本白 …65g，黑灰色…11g，茶色…9g

14 Exceed Wool L/ 本白 …62g，黑色…22g

针：钩针 5/0 号

标准织片（边长 10cm 的正方形）：
花样钩织 22.5 针、24.5 行

成品尺寸：
头围 48cm、深 15.5cm

钩织方法（13、14 共通）

1 钩织主体

钩织 108 针锁针起针，在第 1 针处引拔钩织形成环形。用花样钩织的方法无加减针织入 22 行，从第 23 行开始在 6 个位置进行减针，同时织入 15 行。线头穿入最终行的针脚中，收紧。

2 钩织各部分

13 钩织花样 A 和 B、耳朵、嘴巴周围、鼻子、胡须，14 钩织耳朵、嘴巴周围、鼻子、胡须。

13 的耳朵需要钩织内耳、外耳，正面朝外重叠后钩织花边缝合。14 将线头穿入最终行的 6

个针脚中，收紧。

3 钩织花边

从起针的反方向挑针，用花样钩织的方法织入 1 行花边。钩织★印记处的 19 针时（参照 P47），将主体与嘴巴周围的两块织片重叠，一起钩织花边。

4 完成

13 将花样 A 和 B、嘴巴周围、鼻子、胡须缝好，耳朵用卷针的方法缝好。14 将耳朵、嘴巴周围、鼻子、胡须缝好。

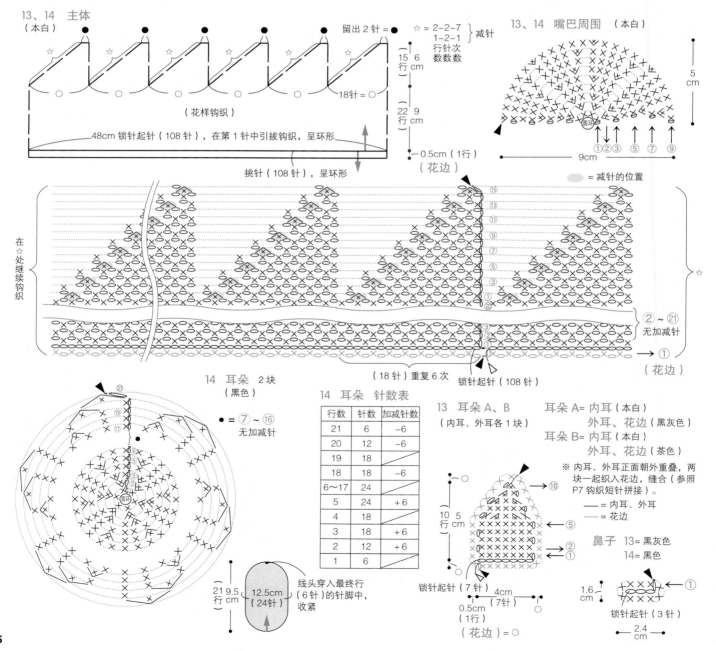

14 耳朵 针数表

行数	针数	加减针数
21	6	−6
20	12	−6
19	18	
18	18	−6
6～17	24	
5	24	+6
4	18	
3	18	+6
2	12	+6
1	6	

13　花样 A
（黑灰色）

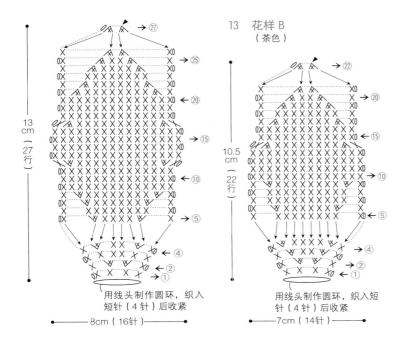

13　花样 B
（茶色）

13cm（27行）

13cm
（27行）

10.5cm
（22行）

→ ㉗
→ ㉕
→ ⑳
→ ⑮
→ ⑩
→ ⑤
← ④
← ②
← ①

用线头制作圆环，织入
短针（4针）后收紧

← 8cm（16针）

用线头制作圆环，织入短
针（4针）后收紧

← 7cm（14针）

15　犄角、耳朵的钩织方法（P57）

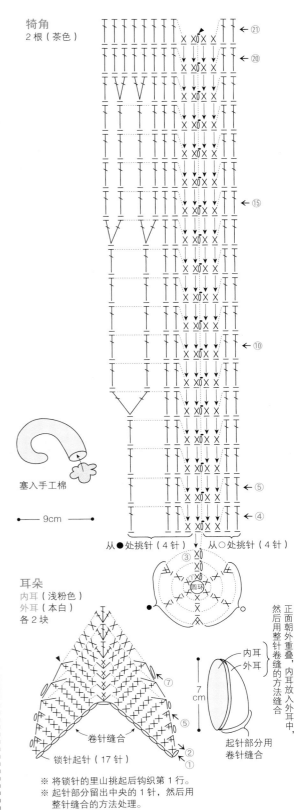

犄角
2根（茶色）

→ ㉑
→ ⑳
← ⑮
← ⑩
← ⑤
← ④

塞入手工棉

← 9cm →

从●处挑针（4针）　　从○处挑针（4针）

耳朵
内耳（浅粉色）
外耳（本白）
各2块

13

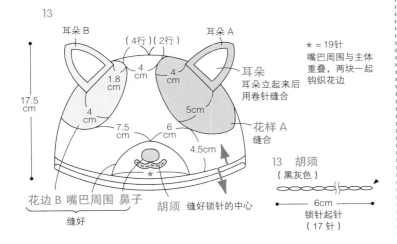

耳朵 B　　（4行）（2行）　　耳朵 A

17.5cm

1.8cm
4cm
4cm
4cm
5cm
7.5cm
6cm
4.5cm

耳朵
耳朵立起来后
用卷针缝合

花样 A
缝合

花边 B　嘴巴周围　鼻子
缝好

胡须　缝好锁针的中心

★ = 19针
嘴巴周围与主体
重叠，两块一起
钩织花边

13　胡须
（黑灰色）

← 6cm →
锁针起针
（17针）

14

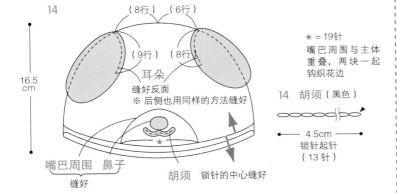

（8行）　　（6行）

16.5cm

（9行）　　（8行）

耳朵
缝好反面
※ 后侧也用同样的方法缝好

嘴巴周围　鼻子
缝好

胡须　锁针的中心缝好

★ = 19针
嘴巴周围与主体
重叠，两块一起
钩织花边

14　胡须（黑色）

← 4.5cm →
锁针起针
（13针）

7cm

内耳
外耳

起针部分用
卷针缝合

正面朝外重叠，
内耳放入外耳中，
然后用整针卷缝的
方法缝合

卷针缝合

锁针起针（17针）

→ ⑦
← ⑤
← ②
← ①

※ 将锁针的里山挑起后钩织第 1 行。
※ 起针部分留出中央的 1 针，然后用
整针缝合的方法处理。

47

17、18 山羊针织帽和手套　成品照片：P24～25

编织线：均为 HAMANAKA
17　Amerry/ 灰色…50g，米褐色…10g，橙色…5g
18　Amerry/ 黑灰色…35g，灰黄色…2g，橙色、草绿色…各1g
其他：17 手工棉…少许
针：钩针 6/0 号
标准织片（边长10cm的正方形）：
17、18 长针 20针、10行
成品尺寸：
17 头围52cm、深16.5cm
18 宽9cm、长14.5cm

钩织方法（17）
1 钩织主体（钩织方法参照 P50 19 的主体）

先用线头制作圆环起针，然后用长针加针的同时钩织16行。接着用短针织入1行。

2 钩织耳朵、犄角
耳朵部分先钩织内耳和外耳，各2块。然后将2块内外耳织片正面朝外重叠，一起钩织花边，缝合。犄角部分先用线头制作圆环起针，然后换用短针、中长针钩织织片，织入17行。最后塞入手工棉。

3 完成
犄角缝到主体上，缝一圈。耳朵对折，仅将外耳缝好即可。

钩织方法（18）
1 钩织主体
织入36针锁针起针，然后在第1针中引拔钩织，呈环形。钩织至第6行，暂时停下编织线，用另外的同色线钩织大拇指的穿入口。接着钩织8行。正面相对合拢后，最终行用整针卷缝的方法处理，再翻到正面。

2 钩织大拇指和花边
从大拇指的穿入口挑12针，接着钩织4行长针。线头穿入最终行的针脚中，收紧。在起针处钩织1行花边。

3 钩织各部分
钩织耳朵、眼睛、犄角。

4 完成
耳朵、眼睛、犄角缝到主体上，再用飞鸟绣针迹缝出鼻子。

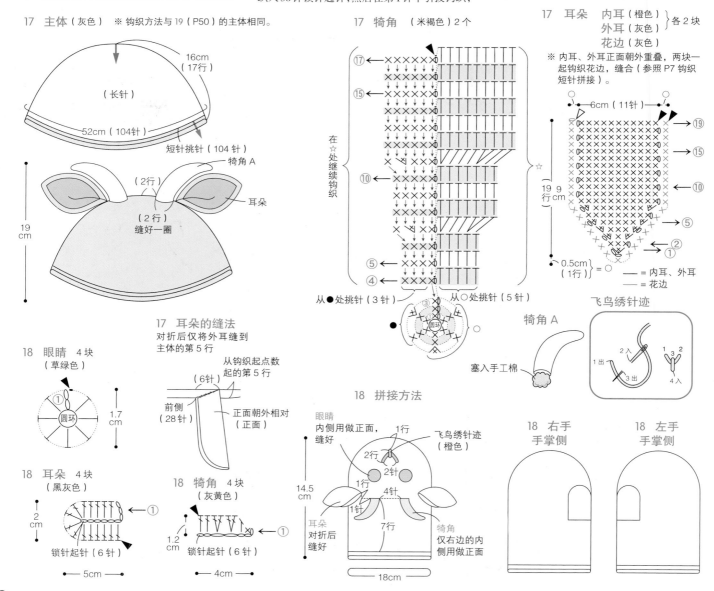

17　主体（灰色）　※钩织方法与19（P50）的主体相同。
16cm（17行）（长针）
52cm（104针）
短针挑针（104针）
犄角A
耳朵
（2行）
（2行）缝好一圈
19cm

17　耳朵的缝法
对折后仅将外耳缝到主体的第5行
从钩织起点数起的第5行
（6针）
前侧（28针）
正面朝外相对（正面）

18　眼睛　4块（草绿色）
①圆环　1.7cm

18　耳朵　4块（黑灰色）
2cm　锁针起针（6针）　5cm

18　犄角　4块（灰黄色）
1.2cm　锁针起针（6针）　4cm

17　犄角（米褐色）2个
在☆处继续钩织
从●处挑针（3针）　从○处挑针（5针）
圆环
犄角A
塞入手工棉

18　拼接方法
眼睛　内侧用做正面，缝好
1行　飞鸟绣针迹（橙色）
2行　2针
1针　4针
14.5cm
耳朵对折后缝好
耳朵　1针　7行
犄角　仅右边的内侧用做正面
18cm

17　耳朵　内耳（橙色）外耳（灰色）各2块　花边（灰色）
※内耳、外耳正面朝外重叠，两块一起钩织花边，缝合（参照P7钩织短针拼接）。
6cm（11针）
19行 9cm
0.5cm（1行）
——＝内耳、外耳
——＝花边

飞鸟绣针迹

18　右手手掌侧

18　左手手掌侧

18 的钩织方法

右手的钩织方法（黑灰色）

正面相对合拢，用半针卷缝的方法缝合，翻到正面

⬤ = 拼接眼睛的位置

引拔钩织立起的针脚

锁针起针（36针），在第1个针脚中引拔钩织，呈环形

手掌侧（9针）　手背侧（18针）　手掌侧（9针）

→①（花边）
←①
←②
←④
←⑥
←①
←③
←⑤
←⑦
←⑧

▲ = 钩织至第6行暂时停下，然后用另外的同色线钩织 ▲
将锁针的半针挑起后钩织下一行的长针（ ）

左手的钩织方法（黑灰色）

正面相对合拢，用半针卷缝的方法缝合，翻到正面

⬤ = 拼接眼睛的位置

钩织立起的针脚

锁针起针（36针），在第1针中引拔钩织，呈环形

手掌侧（9针）　手背侧（18针）　手掌侧（9针）

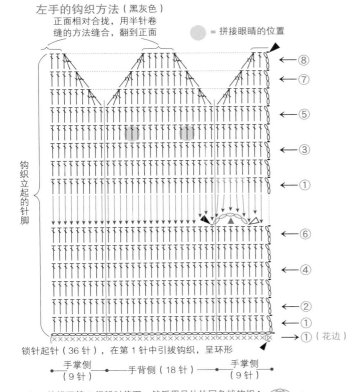

▲ = 钩织至第6行暂时停下，然后用另外的同色线钩织 ▲
将锁针的半针挑起后钩织下一行的长针（ ）

右手

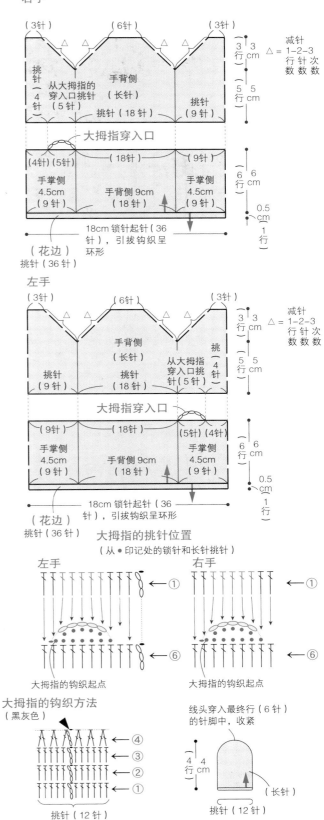

（3针）　（6针）　（3针）

减针
△ = 1-2-3
行 针 次
数 数 数

挑针（4针）
从大拇指的穿入口挑针（5针）
手背侧（长针）
挑针（18针）
挑针（9针）

3行 3cm　5行 5cm

大拇指穿入口

（4针）（5针）　（18针）　（9针）
手掌侧 4.5cm（9针）　手背侧 9cm（18针）　手掌侧 4.5cm（9针）

18cm 锁针起针（36针），引拔钩织呈环形

6行 6cm　0.5cm 1行

（花边）
挑针（36针）

左手

（3针）　（6针）　（3针）

减针
△ = 1-2-3
行 针 次
数 数 数

挑针（9针）
手背侧（长针）
挑针（18针）
从大拇指穿入口挑针（5针）
挑针（4针）

3行 3cm　5行 5cm

大拇指穿入口

（9针）　（18针）　（5针）（4针）
手掌侧 4.5cm（9针）　手背侧 9cm（18针）　手掌侧 4.5cm（9针）

18cm 锁针起针（36针），引拔钩织呈环形

6行 6cm　0.5cm 1行

（花边）
挑针（36针）

大拇指的挑针位置
（从 ● 印记处的锁针和长针挑针）

左手　　右手

←①　　　←①
←⑥　　　←⑥

大拇指的钩织起点　　大拇指的钩织起点

大拇指的钩织方法
（黑灰色）

←④
←③
←②
←①

挑针（12针）

线头穿入最终行（6针）的针脚中，收紧

4行 4cm

（长针）

挑针（12针）

49

19、20 老虎针织帽和手套

成品照片：P26～27 基础课程：19（P5）

编织线：均为 HAMANAKA

19 Amerry/ 芥末黄…35g，原黑色…15g

20 Amerry/ 芥末黄…30g，原黑色…15g

针：钩针 6/0 号

标准织片（边长10cm的正方形）：

19、20 长针20针、10行

成品尺寸：

19 头围52cm、深16.5cm

20 宽9cm、长14.5cm

钩织方法（19）P50

1 钩织主体

先用线头制作圆环起针，然后用长针的条纹花样钩织16行、短针钩织1行。换线时将不用的编织线暂时停下，无需剪断。下次使用时先向上拉起，再进行钩织。

2 钩织耳朵和中央花样

耳朵部分先用线头制作圆环起针，然后织入6行长针。中央花样先织入60针锁针，然后依次将针脚变换为短针、中长针、长针、长长针进行钩织。

3 完成

将耳朵和中央花样缝到主体上，注意整体平衡。

钩织方法（20）P51

1 钩织手背侧、手掌侧

手背侧织入18针锁针起针，然后用长针的条纹花样钩织14行。换线时将不用的编织线暂时停下，无需剪断。下次使用时先向上拉起，再进行钩织。手掌侧织入18针锁针起针，变换大拇指的穿入口位置，钩织右手和左手。

2 拼接主体

手背与手掌侧正面相对重叠，用整针卷缝的方法缝合，翻到正面。从起针处挑针，织入1行花边，呈环形。

3 钩织大拇指

从大拇指的穿入口挑12针，织入4行长针。线头从最终行的针脚中穿过，收紧。

4 完成

钩织肉垫，缝到手掌侧。

第 10～15 行的配色

行数	配色
14、15	芥末黄
13	原黑色
11、12	芥末黄
10	原黑色

19 主体

—— = 原黑色
—— = 芥末黄

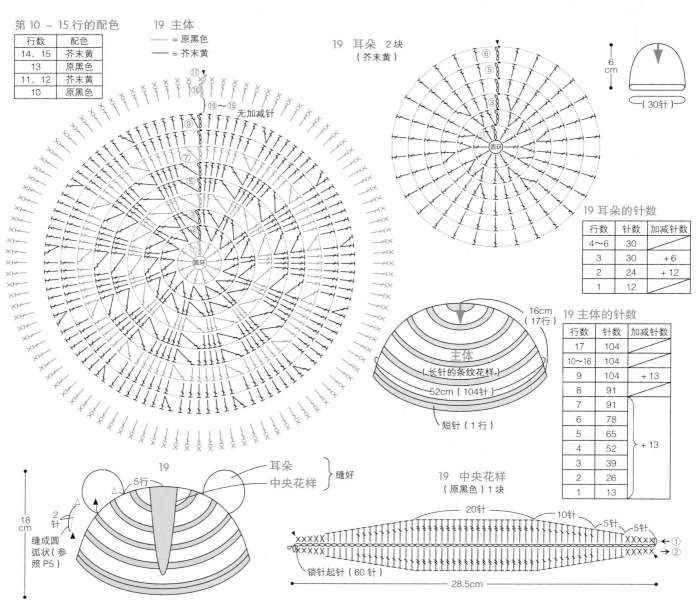

19 耳朵 2块
（芥末黄）

6cm（30针）

19 耳朵的针数

行数	针数	加减针数
4～6	30	
3	30	＋6
2	24	＋12
1	12	

主体
（长针的条纹花样）

16cm（17行）

52cm（104针）

短针（1行）

19 主体的针数

行数	针数	加减针数
17	104	
10～16	104	
9	104	＋13
8	91	
7	91	
6	78	＋13
5	65	
4	52	
3	39	
2	26	
1	13	

19

5行

耳朵
中央花样 缝好

18cm

2行

缝成圆弧状（参照P5）

19 中央花样

（原黑色）1块

20针   10针   5针   5针

锁针起针（60针）

28.5cm

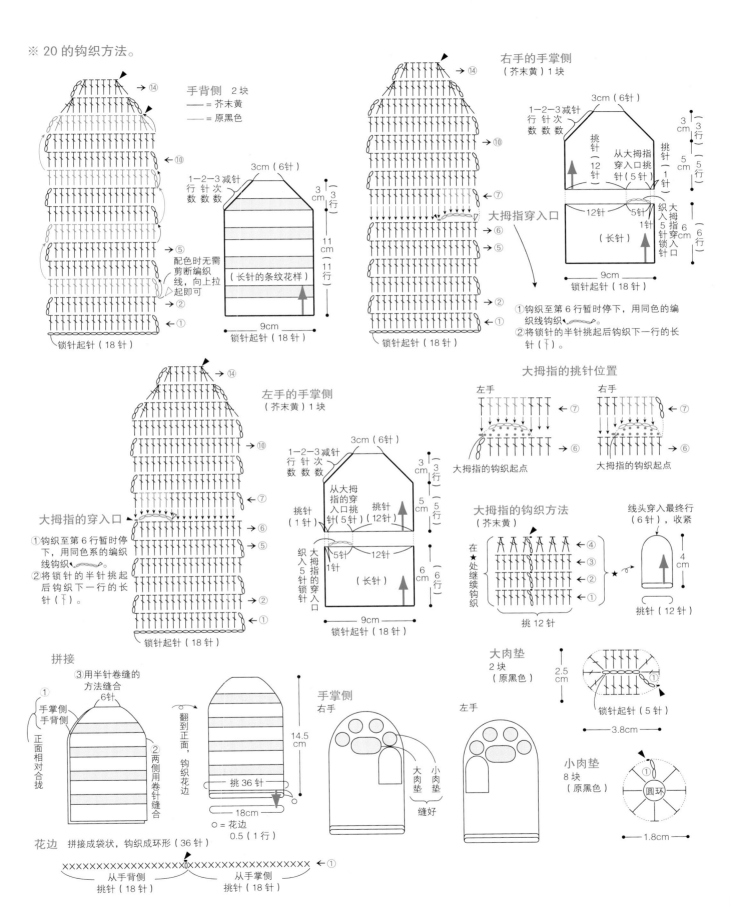

※ 20 的钩织方法。

手背侧 2块
—— = 芥末黄
—— = 原黑色

右手的手掌侧
（芥末黄）1块

大拇指穿入口

①钩织至第6行暂时停下，用同色的编织线钩织。
②将锁针的半针挑起后钩织下一行的长针（↑）。

左手的手掌侧
（芥末黄）1块

大拇指的穿入口

①钩织至第6行暂时停下，用同色系的编织线钩织。
②将锁针的半针挑起后钩织下一行的长针（↑）。

大拇指的挑针位置

左手　　右手

大拇指的钩织起点　　大拇指的钩织起点

大拇指的钩织方法
（芥末黄）

在★处继续钩织

线头穿入最终行（6针），收紧

挑12针　　挑针（12针）

拼接
③用半针卷缝的方法缝合
①手掌侧　手背侧
正面相对合拢
②两侧用卷针缝合

翻到正面，钩织花边

挑36针
18cm
○ = 花边 0.5（1行）

手掌侧
右手
大肉垫　小肉垫
缝好

左手

大肉垫 2块（原黑色）
锁针起针（5针）
3.8cm

小肉垫 8块（原黑色）
圆环
1.8cm

花边　拼接成袋状，钩织成环形（36针）
从手背侧挑针（18针）　从手掌侧挑针（18针）

锁针起针（18针）

3cm（6针）
1-2-3减针 行 针 次 数 数 数
3cm（3行）
11cm（11行）
（长针的条纹花样）
9cm
锁针起针（18针）
配色时无需剪断编织线，向上拉起即可

51

21、22 绵羊针织帽和手套　　成品照片：P28~29　基础课程：22（P5）

编织线：21 为 Puppy，22 为 Diamond 毛线
21 Mini Sport/ 奶油色…106g；Princess Anny/
茶色…13g，本白…8g，米褐色…7g
22 Dia Tasmanian Merino/ 本白…50g，黑灰
色…13g
其他：21 手工棉…少许
纽扣：22 直径 8mm…4 颗
针：21 钩针 5/0 号、6/0 号、10/0 号
　　22 线绳…7/0 号、其他…6/0 号
标准织片（边长 10cm 的正方形）：
21 花样钩织 9.2 针、24 行
22 短针的条针 22 针、24 行

成品尺寸：21 头围 52cm、深 16.5cm
　　　　　22 宽 8.5cm、长 16cm
钩织方法（21）P52
1 钩织主体
先用线头制作圆环起针，用加针的方法钩织至
第 15 行，第 16 ~ 40 行无加减针钩织。
2 钩织各部分
耳朵和犄角各钩织 2 块，犄角中塞入手工棉。
3 完成
将耳朵和犄角缝到主体锁针 2 针的线圈中。
钩织方法（22）P53
1 钩织主体
织入 38 针锁针起针，在第 1 针中引拔钩织形

成圆环。接着花边处，在手掌侧继续钩织大拇
指的穿入口，左右手变换不同的位置。
2 钩织大拇指
从大拇指的穿入口挑 16 针，再用短针的条针
钩织 10 行。线头穿入最终行的针脚中，收紧（参
照 P5 ）。
3 钩织各部分、钩织花边
钩织 4 块耳朵，用两股线钩织 1 根线绳。在手
背侧钩织荷叶边。
4 完成
主体的最终行用整针卷缝的方法缝合，线绳缝
到外侧的侧边线处。

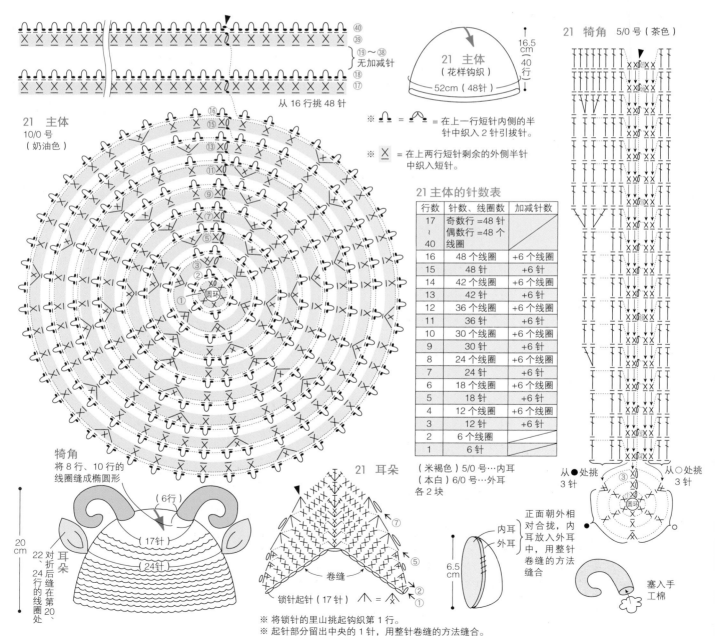

21 主体的针数表

行数	针数、线圈	加减针数
17 ~ 40	奇数行 =48 针 偶数行 =48 个线圈	
16	48 个线圈	+6 个线圈
15	48 针	+6 针
14	42 个线圈	+6 个线圈
13	42 针	+6 针
12	36 个线圈	+6 个线圈
11	36 针	+6 针
10	30 个线圈	+6 个线圈
9	30 针	+6 针
8	24 个线圈	+6 个线圈
7	24 针	+6 针
6	18 个线圈	+6 个线圈
5	18 针	+6 针
4	12 个线圈	+6 个线圈
3	12 针	+6 针
2	6 个线圈	
1	6 针	

※ 将锁针的里山挑起钩织第 1 行。
※ 起针部分留出中央的 1 针，用整针卷缝的方法缝合。

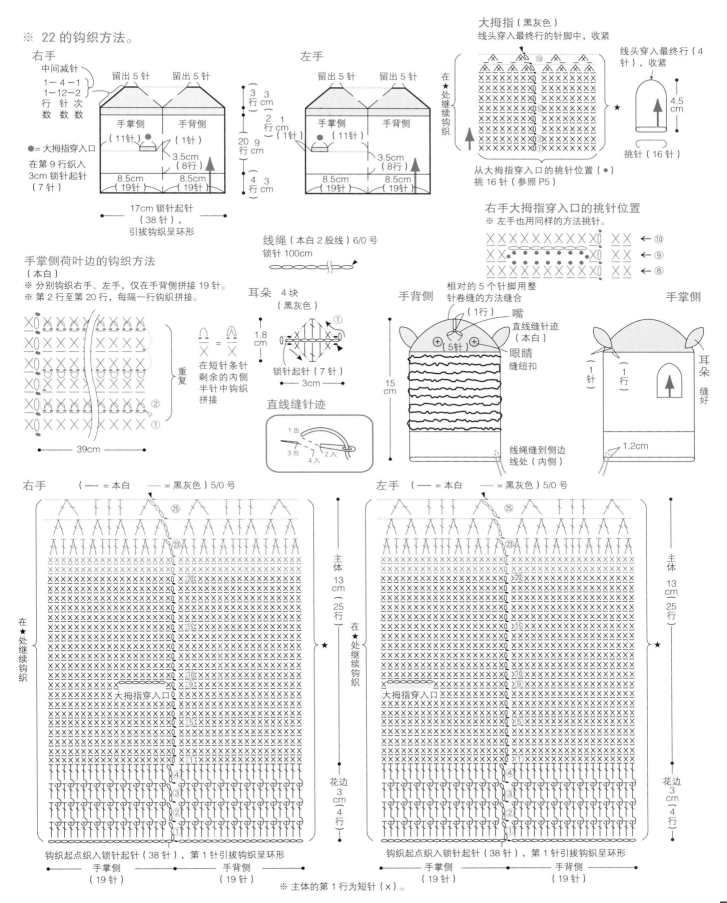

※ 22 的钩织方法。

右手

中间减针
1－4－1
1－12－2
行 针 次
数 数 数

●= 大拇指穿入口
在第 9 行织入
3cm 锁针起针
（7 针）

留出 5 针　留出 5 针

手掌侧　手背侧
（11针）　（1针）

8.5cm　8.5cm
（19针）　（19针）

17cm 锁针起针
（38 针），
引拔钩织呈环形

3 行 3cm
2 行 1cm
20 行 20cm
3.5cm（8 行）
4 行 3cm

左手

留出 5 针　留出 5 针

手掌侧　手背侧
（11针）　（1针）

3.5cm（8 行）

8.5cm　8.5cm
（19针）　（19针）

大拇指（黑灰色）
线头穿入最终行的针脚中，收紧

在★处继续钩织

从大拇指穿入口的挑针位置（●）
挑 16 针（参照 P5）

线头穿入最终行（4 针），收紧

4.5cm

挑针（16 针）

手掌侧荷叶边的钩织方法
（本白）
※ 分别钩织右手、左手，仅在手背侧拼接 19 针。
※ 第 2 行至第 20 行，每隔一行钩织拼接。

重复
在短针条针剩余的内侧半针中钩织拼接

39cm

线绳（本白 2 股线）6/0 号
锁针 100cm

耳朵　4 块
（黑灰色）

= 在短针条针剩余的内侧半针中钩织拼接

1.8cm

锁针起针（7 针）
3cm

直线缝针迹

1 出
3 出　2 入
4 入

右手大拇指穿入口的挑针位置
※ 左手也用同样的方法挑针。

相对的 5 个针脚用整针卷缝的方法缝合
（1 行）

手背侧
嘴
直线缝针迹（本白）
（5 针）
眼睛
缝纽扣

15cm

线绳缝到侧边线处（内侧）

手掌侧

1 针
（1 行）

耳朵　缝好

1.2cm

右手　（— = 本白　— = 黑灰色）5/0 号

在★处继续钩织

大拇指穿入口

主体
13cm（25 行）

花边
3cm（4 行）

钩织起点织入锁针起针（38 针），第 1 针引拔钩织呈环形

手掌侧（19 针）　手背侧（19 针）

左手　（— = 本白　— = 黑灰色）5/0 号

在★处继续钩织

大拇指穿入口

主体
13cm（25 行）

花边
3cm（4 行）

钩织起点织入锁针起针（38 针），第 1 针引拔钩织呈环形

手掌侧（19 针）　手背侧（19 针）

※ 主体的第 1 行为短针（×）。

23、24 小兔子背心和青蛙背心　成品照片：P30～31　基础课程：P6

编织线：均为 Diamond 毛线

23 Diaepoca/ 浅粉色…175g，粉色…75g，白色…12g

24 Diaepoca/ 薄荷绿色…175g，橄榄绿色…70g，白色…3g，黑色…2g

纽扣：直径 15mm…各 5 颗

针：钩针 6/0 号

标准织片（边长 10cm 的正方形）：
花样钩织 18 针，5 行

成品尺寸：胸围 72.5cm、肩背宽 28cm、衣长 34cm、兜帽长 25cm

钩织方法（23、24 共通）

1 钩织前后身片、兜帽
先织入 128 针锁针起针，然后继续钩织前后身片。从袖口开始分成右前身片、后身片、左前身片钩织。最终行将左前肩部与左后肩部、右前肩部与右后肩部用整针卷缝的方法缝合。兜帽从前后领口挑针后钩织，最终行用整针卷缝的方法缝合。

2 钩织花边
先在前后身片的下摆处钩织 4 行花边，然后在右前身片的前端接入新的编织线，再在右前身片的前端、兜帽的顶端、左前身片的前端继续钩织花边。钩织袖口的花边时，先在侧边线处接入编织线，再钩织成环形。

3 钩织耳朵、眼睛的各部分
23 的耳朵需要钩织 2 块内耳和 2 块外耳，内耳与外耳重叠，两块一起钩织花边缝合。24 需要钩织眼睛的各部分，之后按照图示方法拼接。

4 完成
23 的耳朵、24 的眼睛缝到兜帽上，最后缝上纽扣。

主体

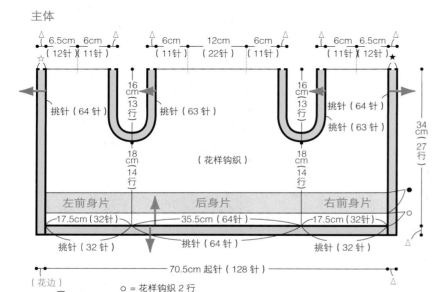

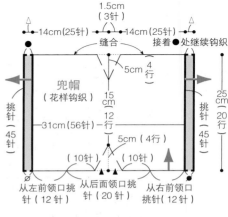

○ = 花样钩织 2 行
● = 长针的嵌入花样 4 行

24 眼睛　主体（钩织至第 11 行）2 块（橄榄绿）
瞳孔（钩织至第 3 行）2 块（黑色）
眼白（钩织至第 4 行）2 块（白色）

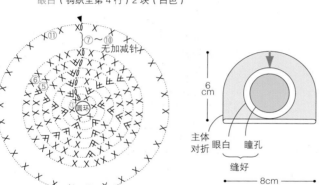

主体对折　眼白　瞳孔
缝好
8cm

23 耳朵

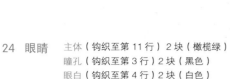

内耳（白色）　
外耳（粉色）　} 各 2 块
花边（粉色）

※ 内耳外耳重叠，两块一起钩织花边（参照 P7 钩织短针拼接）。

—— = 内耳、外耳
—— = 花边

24 眼睛的针数表

行数	针数	加针数
6～11	30	
5	30	
4	24	每行 +6
3	18	
2	12	
1	6	

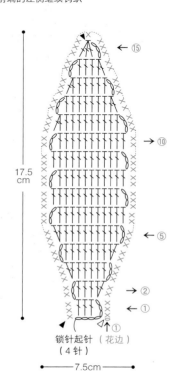

锁针起针（花边）（4 针）
7.5cm

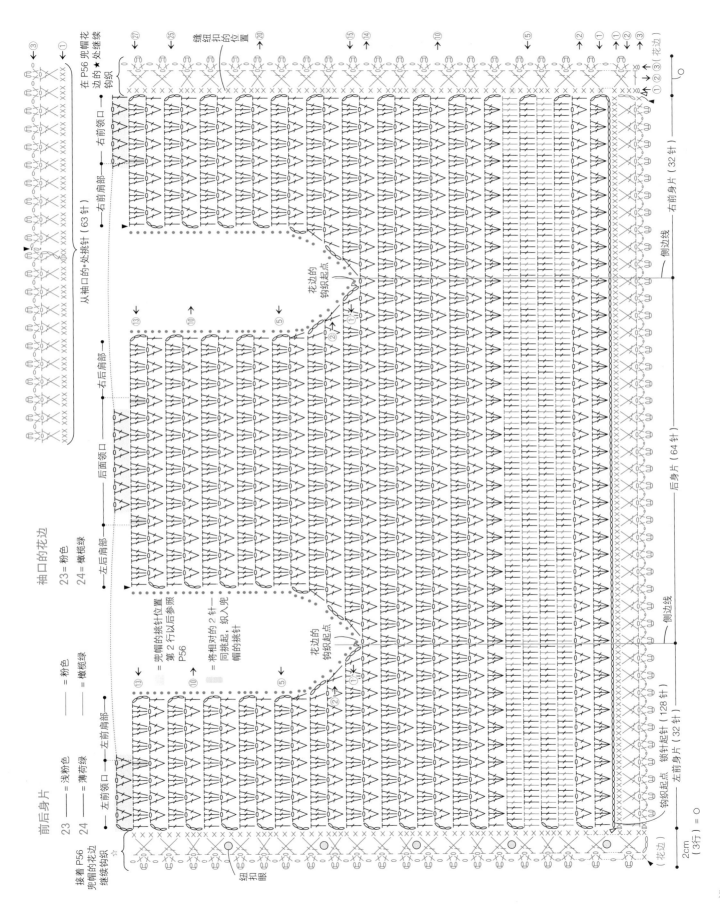

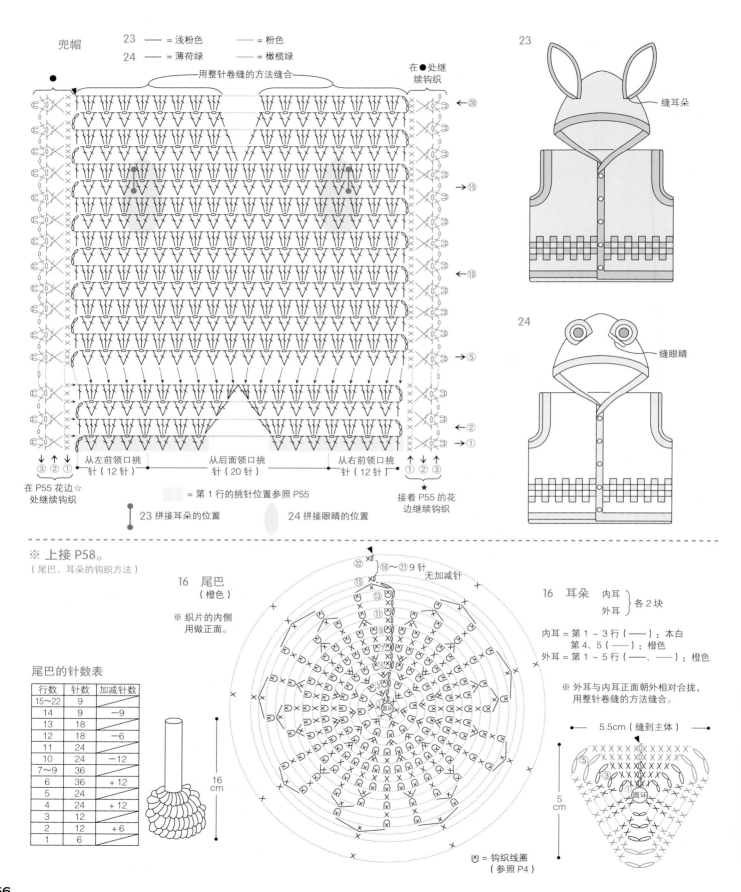

兜帽

23 —— = 浅粉色 —— = 粉色
24 —— = 薄荷绿 —— = 橄榄绿

用整针卷缝的方法缝合
在●处继续钩织

←⑳
→⑮
←⑩
→⑤
←②
→①

③②①
从左前领口挑针（12针）　　从后面领口挑针（20针）　　从右前领口挑针（12针）　①②③

在 P55 花边☆处继续钩织

= 第1行的挑针位置参照 P55
接着 P55 的花边继续钩织

23 拼接耳朵的位置　　24 拼接眼睛的位置

23　缝耳朵

24　缝眼睛

※ 上接 P58。
（尾巴、耳朵的钩织方法）

16　尾巴
（橙色）

※ 织片的内侧用做正面。

尾巴的针数表

行数	针数	加减针数
15~22	9	
14	9	−9
13	18	
12	18	−6
11	24	
10	24	−12
7~9	36	
6	36	+12
5	24	
4	24	+12
3	12	
2	12	+6
1	6	

16 cm

⑯~㉑ 9针无加减针
圆环

16　耳朵　内耳　外耳　各2块

内耳 = 第1~3行（——）：本白
　　　第4、5（——）：橙色
外耳 = 第1~5行（——、——）：橙色

※ 外耳与内耳正面朝外相对合拢，用整针卷缝的方法缝合。

5.5cm（缝到主体）

圆环

5 cm

区 = 钩织线圈（参照 P4）

11、12 小熊围巾 成品照片：P18 ~ 19 重点课程：P7

编织线：均为 HAMANAKA
11 Amerry/ 珊瑚粉…55g、米褐色…20g、原白色、原黑色…各5g
12 Amerry/ 灰色…55 个、原棕色…20g、原白色、原黑色…各5g
针：钩针 5/0 号
标准织片（边长10cm的正方形）：
花样钩织 25 针、8.5 行

成品尺寸：宽 9cm、长 83cm

钩织方法（11、12 共通）
1 钩织主体
织入 23 针锁针起针，然后用花样钩织的方法织入 35 行。从起针开始挑针，用同样的方法沿反方向钩织 35 行。

2 钩织各部分
分别用配色线钩织口袋、耳朵、眼睛、鼻子的底座、鼻子。

3 完成
参照拼接方法，将各部分缝到口袋上。主体的两端与口袋正面朝外相对重叠，两块一起钩织短针拼接（参照 P7）。

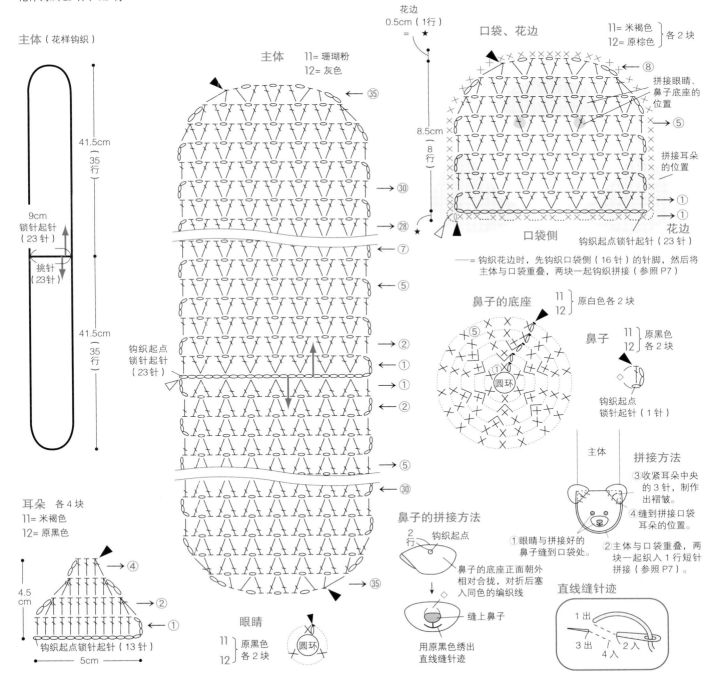

主体（花样钩织）

41.5cm（35 行）

9cm
锁针起针
（23 针）

挑针
（23 针）

41.5cm（35 行）

钩织起点
锁针起针
（23 针）

耳朵 各4块
11= 米褐色
12= 原黑色

4.5cm

钩织起点锁针起针（13 针）

5cm

主体　11= 珊瑚粉　12= 灰色

花边
0.5cm（1 行）
= ★

口袋、花边　11= 米褐色　12= 原棕色 各2块

8.5cm（8 行）

拼接眼睛、鼻子底座的位置

拼接耳朵的位置

口袋侧

钩织起点锁针起针（23 针）

花边

—= 钩织花边时，先钩织口袋侧（16 针）的针脚，然后将主体与口袋重叠，两块一起钩织拼接（参照 P7）

鼻子的底座　11／12 原白色各2块

圆环

鼻子　11／12 原黑色 各2块

钩织起点锁针起针（1 针）

眼睛
11／12 原黑色 各2块
圆环

鼻子的拼接方法
2 行　钩织起点
鼻子的底座正面朝外相对合拢，对折后塞入同色的编织线
缝上鼻子
用原黑色绣出直线缝针迹

拼接方法
③收紧耳朵中央的 3 针，制作出褶皱。
④缝到拼接口袋耳朵的位置。
①眼睛与拼接好的鼻子缝到口处。
②主体与口袋重叠，两块一起织入 1 行短针拼接（参照 P7）。

直线缝针迹
1 出
3 出　2 入
4 入

15、16 绵羊背心和狮子的背心　成品照片：P22 ~ 23　重点课程：P4、P7

编织线： 均为 Diamond 毛线

15　Dia Tasmanian Merino/ 本白…294g，茶色…10g，浅粉色…6g

16　Dia Tasmanian Merino/ 米褐色…148g，橙色…147g，本白…3g

纽扣： 直径 18mm…各 5 颗

针： 15、16 内耳…4/0 号，除指定以外…5/0 号

标准织片（边长 10cm 的正方形）：
衣身的花样钩织 20 针、15 行
兜帽的花样钩织 20 针、20 行

成品尺寸：
胸围 73.5cm、肩背宽 29cm、衣长 38cm、兜帽 29cm

钩织方法（15、16 共通）

1　钩织前后身片、兜帽
织入 144 针锁针起针，用花样钩织的方法钩织至袖口，再继续钩织前后身片。从袖口分成左前身片、后身片、右前身片钩织。最终行将左前肩部与左后肩部、右前肩部与右后肩部用整针卷缝的方法缝合。兜帽从领口处挑针钩织，最终行用整针卷缝的方法缝合。

2　钩织花边
在右侧边线处接入编织线，织入 4 行短针，呈环形。钩织袖口时，在侧边线接入编织线，再钩织 4 行短针，呈环形。

3　钩织各部分
15 钩织耳朵、犄角（钩织方法参照 P47），16 钩织耳朵、尾巴（钩织方法参照 P56）。

4　完成
15 拼接耳朵、犄角，16 拼接耳朵、尾巴，最后缝上纽扣。

兜帽　15= 本白　16= 橙色

15　X = 在 1 针长针中钩织× ×。
（将外侧的半针挑起后在短针之间钩织 3 针锁针）

16　X = 在 1 针长针中钩织X。
（将外侧的半针挑起后钩织线圈）

┃ = 在上两行剩余的外侧半针中钩织

参照 P4、P7

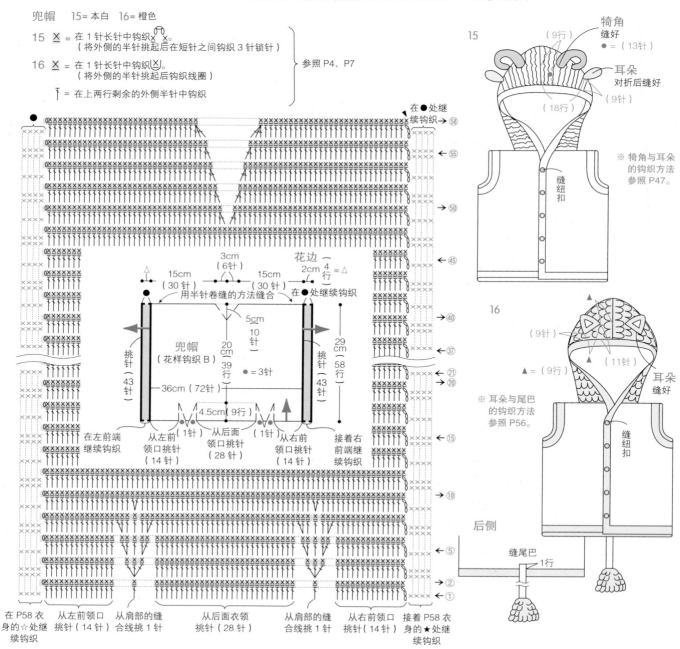

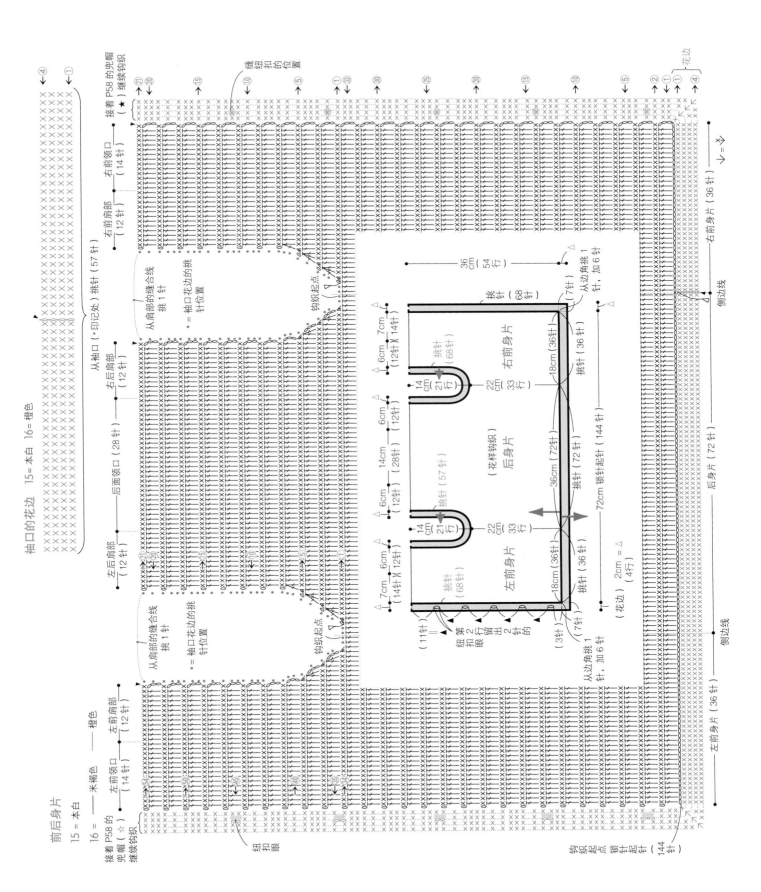

钩针钩织的基础

记号图的看法

本书所示的记号图符合日本工业标准（JIS）规定，所有的记号图表示的都是编织物表面的状况。

钩针钩织没有正面和反面的区别（拉针除外）。交替看正反面进行平针编织时也用相同的记号表示。

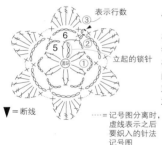

表示行数
立起的锁针
▼=断线

= 记号图分离时，虚线表示之后要织入的针法记号图

从中心开始钩织圆环时

在中心编织圆环（或是锁针），像画圆一样逐行钩织。在每行的起针处钩织立起的针脚。通常情况下都面对编织物的正面，从右到左看记号图钩织。

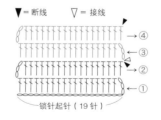

▼=断线　▽=接线

锁针起针（19针）

平针钩针时

特点是左右两边都有立起的锁针，当右侧出现立起的锁针时，将织片的正面置于内侧，从右到左参照记号图钩织。当左侧出现立起的锁针时，将织片的反面置于内侧，从左到右看记号图钩织。图中所示的是在第3行更换配色线的记号图。

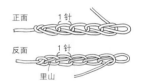

正面　1针
反面　1针
里山

锁针的看法

锁针有正反之分。反面中央的一根线称为锁针的"里山"。

编织线和针的拿法

1 将线从左手的小指和无名指间穿过，绕过食指，线头拉到内侧。

2 用拇指和中指捏住线头，食指挑起，将线拉紧。

3 用拇指和食指握住针，中指轻放到针头。

最初起针的方法

1 针从线的外侧插入，调转针头。

2 然后在针尖挂线。

3 钩针从圆环中穿过，再在内侧引拔穿出线圈。

4 拉动线头，收紧针脚，完成最初的起针（这针并不算第1针）。

起针

从中心开始钩织圆环（用线头制作圆环）

  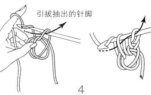

引拔抽出的针脚

1 线在左手食指上绕两圈，形成圆环。

2 抽出手指，钩针插入圆环中，按箭头所示把线钩到前面。

3 接着在针上挂线，引拔抽出，钩织1针立起的锁针。

4 钩织第1行时，将钩针插入圆环中，织入必要数目的短针。

5 钩织完必要的针数后取出钩针，拉动最初圆环的线（1）和线头，收紧线圈（2）。

6 钩织第1行末尾时，钩针插入最初短针的头针中，挂线后引拔钩织。

从中心开始钩织圆环（用锁针制作圆环）

1 织入必要针数的锁针，然后把钩针插入第1针锁针的半针中，挂线后引拔钩织。

2 针尖挂线后引拔抽出线。此即1针立起的锁针。

3 钩织第1行时，将钩针插入圆环中心，按照箭头所示将锁针成束挑起，再织入必要针数的短针。

4 第1行的钩织终点处，将钩针插入最初短针的头针中，挂线后引拔钩织。

平针钩织时

1针立起的锁针

1 织入必要针数的锁针和立起的锁针，钩针插入顶端数起的第2针锁针中，挂线后引拔抽出。

2 针尖挂线后再按照箭头所示引拔抽出线。

3 第1行钩织完成后如图（立起的1针锁针不算1针）。

将上一行针脚挑起的方法

即便是同样的枣形针，根据不同的记号图挑针的方法也不相同。记号图的下方封闭时表示在上一行的同一针中钩织，记号图的下方开合时表示将上一行的锁针成束挑起钩织。

在同一针脚中钩织

1 **2**

将锁针成束挑起钩织

1 **2**

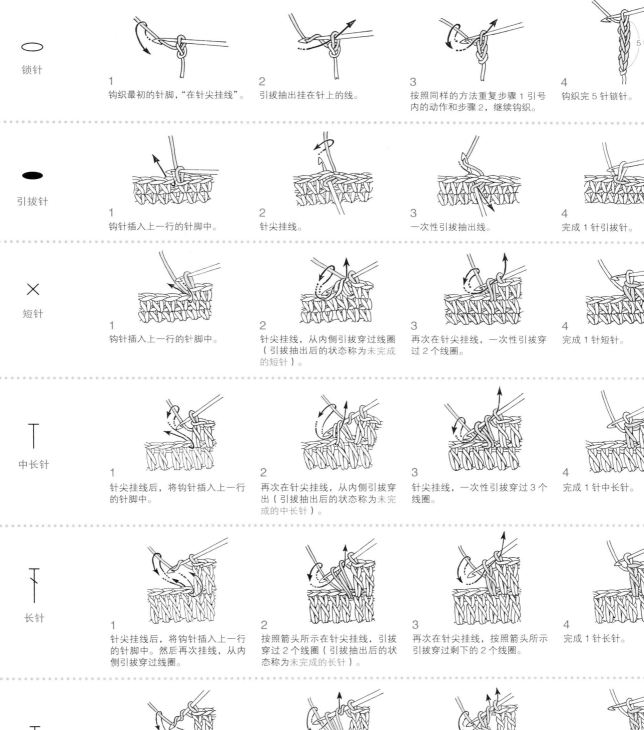

锁针

1
钩织最初的针脚，"在针尖挂线"。

2
引拔抽出挂在针上的线。

3
按照同样的方法重复步骤 1 引号内的动作和步骤 2，继续钩织。

4
钩织完 5 针锁针。

5针

引拔针

1
钩针插入上一行的针脚中。

2
针尖挂线。

3
一次性引拔抽出线。

4
完成 1 针引拔针。

短针

1
钩针插入上一行的针脚中。

2
针尖挂线，从内侧引拔穿过线圈（引拔抽出后的状态称为未完成的短针）。

3
再次在针尖挂线，一次性引拔穿过 2 个线圈。

4
完成 1 针短针。

中长针

1
针尖挂线后，将钩针插入上一行的针脚中。

2
再次在针尖挂线，从内侧引拔穿出（引拔抽出后的状态称为未完成的中长针）。

3
针尖挂线，一次性引拔穿过 3 个线圈。

4
完成 1 针中长针。

长针

1
针尖挂线后，将钩针插入上一行的针脚中。然后再次挂线，从内侧引拔穿过线圈。

2
按照箭头所示在针尖挂线，引拔穿过 2 个线圈（引拔抽出后的状态称为未完成的长针）。

3
再次在针尖挂线，按照箭头所示引拔穿过剩下的 2 个线圈。

4
完成 1 针长针。

长长针

1
线在针尖缠绕 2 圈后，将钩针插入上一行的针脚中，然后挂线，从内侧引拔穿过线圈。

2
按照箭头所示方向，引拔穿过 2 个线圈。

3
按照步骤 2 的方法重复 2 次（第 1 次完成后的状态称为未完成的长长针）。

4
完成 1 针长长针。

短针 2 针并 1 针

1
按照箭头所示，将钩针插入上一行的针脚中，引拔抽出线圈。

2
之后的针脚也按照同样的方法引拔抽出线圈。

3
针尖挂线，一次性引拔穿过 3 个线圈。

4
短针 2 针并 1 针完成，呈比上一行少 1 针的状态。

短针 1 针分 2 针

1
钩织 1 针短针。

2
再次将钩针插入同一针脚中，从内侧引拔抽出线圈。

3
针上挂线，一次性引拔抽出 2 个线圈。

4
上一行的一个针脚中织入了 2 针短针，呈比上一行多 1 针的状态。

短针 1 针分 3 针

1
钩织 1 针短针。

2
再次将钩针插入同一针脚中，从内侧引拔抽出线圈，织入短针。

3
再在同一针脚中织入 1 针短针。

4
上一行的一个针脚中织入了 3 针短针，呈比上一行多 2 针的状态。

长针 1 针分 2 针

1
钩织 1 针长针。然后在针尖挂线，再将钩针插入同一针脚中，挂线后引拔抽出。

2
针尖挂线，引拔穿过 2 个线圈。

3
再次在针尖挂线，一次性引拔穿过剩余的 2 个线圈。

4
在 1 个针脚中织入 2 针长针后如图，呈比上一行加 1 针的状态。

长针 2 针并 1 针

1
在上一行的 1 个针脚中织入 1 针未完成的长针（参照 P61），按照箭头所示，将钩针插入下面的针脚中，引拔抽出线。

2
针尖挂线，引拔穿过 2 个线圈，钩织第 2 针未完成的长针。

3
再次在针尖挂线，按照箭头所示，一次性引拔穿过 3 个线圈。

4
长针 2 针并 1 针完成，呈比上一行少 1 针的状态。

长针 3 针的枣形针

※除 3 针和长针以外的枣形针记号图，均是按同样的要领，在上一行的 1 个针脚中参照未完成的指定针法织入指定的针数，然后在针尖挂线，一次性引拔穿过针上的线圈。

1
在上一行的针脚中织入 1 针未完成的长针（参照 P61）。

2
再将钩针插入同一针脚中，织入 2 针未完成的长针。

3
针尖挂线，一次性引拔穿过针上的 4 个线圈。

4
长针 3 针的枣形针钩织完成。

✕ 短针的棱针

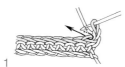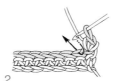

※ 除短针以外，该记号在表示棱针时，是按照同样的要领将上一行的外侧半针挑起，按照指定的记号钩织。

1 按照箭头所示，将钩针插入上一行针脚的外侧半针中。

2 钩织短针，然后用同样的方法，将钩针插入下一针外侧的半针中。

3 按照同样的要领钩织至顶端，然后变换织片的方向。

4 按照步骤 1、2 的方法，将钩针插入外侧的半针中，织入短针。

 锁针 3 针的引拔小链针

1 织入 3 针锁针。

2 钩针插入短针的头针半针和尾针的 1 根线中。

3 针尖挂线，按照箭头所示一次性引拔穿过线圈。

4 锁针 3 针的引拔小链针钩织完成。

长针的正拉针

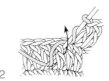

※ 往复钩织时是看着织片反面钩织，因此是织入反拉针。
※ 除长针以外，该记号在表示正拉针时，用同样的方法按照步骤 1 的箭头所示插入钩针，参照指定的记号钩织。

1 在针尖挂线，按照箭头所示，从正面将钩针插入上一行长针的尾针中。

2 再在针上挂线，拉长线，引拔抽出。

3 再次在针尖挂线，引拔穿过 2 个线圈。同一动作重复 1 次。

4 完成 1 针长针的正拉针。

长针的反拉针

※ 往复钩织时是看着织片反面钩织，因此是织入正拉针。
※ 除长针以外，该记号在表示反拉针时，用同样的方法按照步骤 1 的箭头所示插入钩针，参照指定的记号钩织。

1 在针尖挂线，按照箭头所示，从反面将钩针插入上一行长针的尾针中。

2 针尖挂线后按照箭头所示，将线拉长，从织片的外侧抽出线。

3 再次在针尖挂线，引拔穿过 2 个线圈。同样的动作重复 1 次。

4 完成 1 针长针的反拉针。

引拔订缝

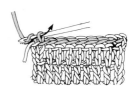

1 两块织片正面相对合拢（或者正面朝外相对合拢），钩针插入顶端的针脚中，引拔抽出线后在针上挂线，引拔抽出。

2 将钩针插入下一针脚中，针上挂线后引拔抽出。如此重复，一针一针进行引拔钩织，缝合。

3 终点处先在针上挂线，引拔抽出后剪断线即可。

引拔针的锁针接缝

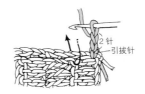

1 两块织片正面相对合拢（或者正面朝外相对合拢），钩针插入顶端的针脚中，挂线后引拔抽出。然后在针上挂线，织入 1 针引拔针。

2 织入 2 针锁针，然后按照箭头所示，将下一针脚的头针（与第 2 行交界处的头针）挑起，织入 1 针引拔针。

3 重复"1 针引拔针、2 针锁针"，缝合的同时注意避免织片打结（※ 锁针的针数因花样而异，根据下一次引拔钩织的位置来决定钩织的长度）。

✕ 长针的 1 针交叉

1
针上挂线，跳过 1
针后插入钩针，织
入长针。

2
针上挂线，按照箭头
所示，将钩针插入之
前跳过的针脚中。

3
再在针上挂线，引
拔抽出后织入长
针，包住之前钩织
的长针。

4
完成长针的 1 针交叉。

其他基础索引

钩针日制针号换算表

日制针号	钩针直径	日制针号	钩针直径
2 / 0	2.0mm	8 / 0	5.0mm
3 / 0	2.3mm	10 / 0	6.0mm
4 / 0	2.5mm	0	1.75mm
5 / 0	3.0mm	2	1.50mm
6 / 0	3.5mm	4	1.25mm
7 / 0	4.0mm	6	1.00mm
7.5 / 0	4.5mm	8	0.90mm